Talentmanagement in der Praxis

W0064531

Volker Heyse, Stefan Ortmann

Talentmanagement in der Praxis

Eine Anleitung mit Arbeitsblättern,
Checklisten, Softwarelösungen

Waxmann 2008
Münster / New York / München / Berlin

Bibliografische Informationen der Deutschen Nationalbibliothek
Die Deutsche Nationalbibliothek verzeichnet diese Publikation in der
Deutschen Nationalbibliografie; detaillierte bibliografische Daten sind
im Internet über http://dnb.d-nb.de abrufbar.

ISBN 978-3-8309-1983-4

© Waxmann Verlag GmbH, Münster 2008

www.waxmann.com
info@waxmann.com

Umschlaggestaltung: Christian Averbeck, Münster
Umschlagbild: Otto Carius
Satz: Stoddart Satz- und Layoutservice, Münster

Druck: Hubert & Co., Göttingen
Gedruckt auf alterungsbeständigem Papier, säurefrei gemäß ISO 9706

Inhalt

1. Einführung

Talentmanagement (TM) ist das Thema der Zukunft

Menschen verfügen über Talente, wenn sie bereit und fähig sind, aus Erfahrungen zu lernen, sich neuen Entwicklungszielen zu stellen und diese erfolgreich umzusetzen. Hier stehen die **Selbst**erkenntnis und -Entwicklung im Vordergrund, und die Unternehmen müssen vor allem für die entsprechenden Entwicklungs-(Entfaltungs-)Bedingungen sorgen und Hemmnisse aus dem Wege räumen. *Talente entfalten sich in einem förderlichen Milieu aktiv und selbst-bewusst.*

Die Fähigkeit, sich individuelle neue Entwicklungsziele zu setzen, die „Anpassungsfähigkeit an neue Situationen und Aufgaben" und die erfolgreiche „Umsetzung" dieser Fähigkeiten führt uns ins Zentrum eines jeden Kompetenzmanagement-Systems (**KMS**).

Die Anforderungen an Wissen und an die überfachlichen Kompetenzen der Führungskräfte und Mitarbeiter ändern sich schnell. Um der Markt- und Wissensdynamik möglichst rasch gerecht werden zu können, und damit im Vorteil gegenüber der Masse der Wettbewerber zu sein, ist die Einführung eines Kompetenzmanagement-Systems oder eines Talentmanagement-Systems (**TMS**) sinnvoll. Beide Systeme verbinden wesentliche interne und externe Prozesse, die das Erkennen der Potenziale der Führungskräfte und Mitarbeiter auf den verschiedenen Unternehmensebenen, die Entwicklung der geforderten Kompetenzen, das Besetzen von Funktionen und Jobs mit geeigneten Personen, die differenzierte Performanceerfassung und -entwicklung auf individueller und auf Teamebene, die frühzeitige Nachfolgeplanung und -Entwicklung sowie kompetenzorientierte Stimulierungssysteme (ideell, materiell) einschließen.

Wichtig ist es, mit einem dieser beiden Systeme zu *beginnen;* sie liegen sehr eng bei einander und man kommt folgerichtig von dem einen durch Ausweitung bzw. Spezifizierung der Zielgruppen zum jeweils anderen.

Kompetenzen und Talente (im engeren sowie im weiteren Sinne) sind nur Masken derselben nicht *direkten* Erkennbarkeit und Veränderbarkeit. Wenn in diesem Zusammenhang allerdings von „Entwicklung" gesprochen wird, dann darf damit nicht der Irrglaube verbunden sein, dass sie durch Einsatz der herkömmlichen Weiterbildungsinstrumente und Zielvereinbarungsgespräche erfolgen kann. Das entspräche einem mechanistischen Verständnis von Kompetenz und Talent. Vielmehr geht es um das Schaffen von Bedingungen und das Vorgeben anspruchsvoller Aufgaben, die Mitarbeiter dahingehend herausfordern und unterstützen, dass sie selbstbestimmt ihren passenden Platz im Unternehmen finden und dementsprechende Kompetenzen voll entfalten und nutzen können. Es geht also in erster Linie um *Ermöglichungen*, um eine fördernde Unternehmenskultur, um eine diesem Ziel gerecht werdende Art der Führung (nicht nur einzelner Führungskräfte) und um durchdachte Human Resources-Maßnahmen.

Das ist auch der wohl einzige sichere Weg, um aus dem Teufelskreis der Unterforderung großer Teile der Mitarbeiter herauszukommen und inneren Kündigungen vorzubauen. Die Mitarbeiter müssen zu den Aufgaben und Funktionen finden, die am besten zu ihrem fachlichen Können, zu ihrer Qualifikation *und ihren Kompetenzen* passen, und – je nach Angebot und Nachfrage – auch relativ spontan Karrieresprünge machen können. Das setzt einerseits voraus, dass das Unternehmen bei neuen Einsatznotwendigkeiten zuerst einmal gründlich prüft, ob intern genügend Potenzial dafür vorhanden ist bzw. der Einsatz interner Talente sogar noch einen Entwicklungsschub für diese enthält. Andererseits dürfen die in vielen Unternehmen eingeführten Laufbahnentwicklungspläne und Karriereweg-Beschreibungen nicht nur auf das erwerbbare Fachwissen ausgerichtet sein, sondern müssen gleichermaßen Kompetenzen einbeziehen und Entwicklungssprünge von internen und externen Mitarbeitern zulassen. Ansonsten wird die notwendige Entwicklungs-*Ermöglichung* unterlaufen und stattdessen eine Entwicklungs-Verlangsamung oder gar –Verhinderung bewirkt.

Menschen mit herausragenden Talenten sind in erster Linie mit Aufgaben (und nicht mit Geld) zu gewinnen. Talente suchen sich ihren Weg, und die Aufgabe von Unternehmen liegt vor allem darin, Möglichkeiten aufzuzeigen, Türen zu öffnen, Orientierung zu geben und Barrieren abzubauen. Talente entfalten sich in Unternehmen also vor allem durch herausfordernde Bedingungen – gepaart mit professioneller Unterstützung. Der wichtigste Akteur im Talentmanagement ist der Mitarbeiter selbst, und die Aufgabe von Unternehmen liegt darin, ihn zu Höchstleistungen zu befähigen.

Immer wiederkehrende Alltagsbarrieren sind hier vor allem
- das Verkennen von Talenten bzw. das Nicht-Entdecken und somit auch nicht Fördern von unternehmensinternen Talenten;
- die fehlende bzw. nur stark eingeschränkte Vertrauens-, Delegierungs- und Förderkultur im Unternehmen;
- das unzureichendes Einbeziehungsmanagement und Feedback an die Talente sowie grundsätzlichere nicht sicht- und erlebbare produktive Überschneidungen zwischen der Unternehmensstrategie und der persönlichen Strategie und den Zielen der Talente.

Viele Unternehmen beschäftigen sich viel zu sehr mit dem Beheben von Schwächen und dem vorbeugenden Vermeiden von Fehlern als mit der mutigen und konsequenten Entwicklung von Stärken. „Mutig" schließt das Risiko einmaliger Fehler bei der Aufgabenbewältigung ein.

Das vorliegende Buch wendet sich in erster Linie an Praktiker und hier an alle, die ernsthaft nach Inhalten, Formen und Instrumenten eines strategischen TM suchen. Das Buch verfolgt mehrere Ziele. Es möchte beitragen zu einer
- offensiven, statuserhöhten Arbeit des Human Resources Managements,
- ganzheitlich-prozessualen Sicht des Talentmanagements,
- synergetischen Entwicklung von Kompetenzmanagement- und Talentmanagement-Systemen im Unternehmen,

- effizienznachweisbaren, messenden und wertenden Talentmanagement-Praxis mit klar verwertbaren Wettbewerbsvorteilen.

Hierzu werden ausführlich Beispiele und Schlussfolgerungen diskutiert. Die Autoren sind – gemeinsam mit Prof. Dr. John Erpenbeck – seit ca. 15 Jahren erfolgreich auf dem Gebiet der Kompetenzdiagnostik und -entwicklung tätig und haben für die Belange einer praxisgerechten Kompetenz- und Talententwicklungs-Software einfach zu bedienende, robuste Softwarelösungen entwickelt.

Entgegen anderen Veröffentlichungen stellen wir nicht abschließend ein Glossar wichtiger Begriffe zur Diskussion, sondern beginnen damit. Auf Grund fehlender oder unsystematisch zusammengetragener Begriffsklärungen kommt es im betrieblichen Alltag immer wieder zu eklatanten Missverständnissen. Um diese zu umgehen, dokumentieren wir schon zu Beginn unser Begriffsverständnis bzw. stellen wir Erklärungen dar, denen wir uns noch am ehesten anschließen können.

2. Begriffliche Klärung

Unter der Überschrift „Talentmanagement" werden in der Praxis sehr unterschiedliche Aspekte diskutiert und die Begriffsgrenzen mal enger und mal weiter gefasst. Um den eigenen Begriffsstandort schon zu Beginn zu verdeutlichen, haben wir uns entschlossen, ein kleines Glossar wichtigster Begriffe nicht an das Ende dieses Buches zu stellen, sondern auf den ersten Seiten zu bringen.

Talent

Laut Brockhaus ist „Talent" einerseits eine angeborene Anlage zu guten Leistungen auf bestimmten Gebieten und andererseits eine altgriechische Gewichtseinheit.

In der Regel wird im Alltag all das, was nicht oder nur sehr bedingt von außen beeinflussbar ist, als „angeborene Anlagen" bezeichnet. Heute wissen wir aber, dass sich die festen Persönlichkeitsmerkmale vor allem in den ersten Lebensjahren herausbilden und dann bis zum zweiten bis dritten Lebensjahr weiter differenziert werden. Der Verweis auf die „angeborenen Anlagen" ist also zu relativieren.

Folgen wir der Selbstorganisationstheorie und systemischen Ansätzen und betrachten die alltägliche Verwendung des Begriffes in der Managementpraxis, dann begegnen wir ihm in zwei Richtungen:

1. Talent als Produkt der Wechselwirkung von Erbanlagen, früher Prägung und intensiven Umwelteinflüssen. Letztere müssen gegeben sein, um das „Vorhandene" entfalten zu können.
2. Talent als allgemeiner Potenzialbegriff, der zum Beispiel für die Gruppe der Führungskräfte in einem Unternehmen eingesetzt wird.

Wir folgen insbesondere der ersten Überlegung und verbinden das Talent – analog zu Trost (2007) – *als nicht formal erlernbare Fähigkeit, als Potenzial zur Entwicklung von Kompetenzen.*

So betrachtet ist Talent die Voraussetzung zur Selbstorganisation, zur Anpassung an neue Herausforderungen, zum unaufgeforderten Lernen, um auf bestimmten Gebieten hohe, über dem Durchschnitt vergleichbarer Spezialisten bzw. Führungskräfte liegende, Leistungen hervorzubringen. Diese können auf unterschiedlichen Gebieten liegen und erfordern unterschiedliche Kompetenzen.

Talent ist in diesem Sinn die Summe aus a) der begabungsbasierten Fähigkeit, Kompetenzen zu entwickeln, b) den konkreten lebensbiografisch bewährten Teilkompetenzen und c) dem persönlichen Willen, mit und aus den eigenen Kompetenzen etwas zu machen.

So betrachtet verfügt prinzipiell jeder Mensch über die Fähigkeit zur Entwicklung bestimmter Kompetenzen und Stärken. Entscheidend ist jedoch, wie stark die Kompetenzen zum Ausdruck kommen, sich entfalten und weiterentwickeln können und in Bezug auf welche Anforderungsprofile sie nutzvoll eingesetzt werden.

Die Bewertung „Talent" basiert auf Beobachtungen des Verhaltens in der Vergangenheit und Gegenwart. Vorsichtige Prognosen können heute durchaus auf der Grundlage von Leistungs-Einschätzungen – bezogen auf strategiebasierte zukünftige Kompetenzanforderungen – vorgenommen werden.

Dazu werden in unserem Buch Beispiele gegeben. Allerdings hängt der zukünftige Erfolg (die angenommene „Endleistung") maßgeblich von organisationalen Bedingungen ab: dem Übertragen von anspruchsvollen Aufgaben und dem Bereitstellen entsprechender Arbeitsbedingungen, von der Wertschätzung der Leistungen und der Person sowie von der Bindung der Person an das Unternehmen.

Talentmanagement (TM)

bezeichnet die Gesamtheit personalpolitischer Maßnahmen in einem Unternehmen zur langfristigen Sicherstellung der Besetzung *kritischer* Rollen und Funktionen. Talentmanagement unterscheidet sich vom Human Resources Management dadurch, dass sich die Maßnahmen des Talentmanagement auf *rare* und für den Unternehmenserfolg wichtige Zielgruppen richtet, für die es zugleich einen vergleichsweise hohen, quantitativen Personalbedarf im Unternehmen gibt. Entsprechend ist eine Priorisierung von Zielgruppen meist der erste Schritt bei der Entwicklung eines Talentmanagementsystems (Wikipedia).

Talentmanagement schließt das Erkennen, Nutzen und Entwickeln der fachlichen und überfachlichen *Kompetenzen* ein und ist zugleich Kompetenzmanagement. Andererseits ist Talentmanagement mehr als Kompetenzmanagement, da es außer den Kompetenzen auch die Persönlichkeitseigenschaften, Fertigkeiten, das Wissen und die Qualifikationen einschließt. Letztere sind *Voraussetzungen* dafür, dass die Kompetenzen wirkungsvoll eingesetzt werden können, sie sind aber keine Kompetenzen.

High Potential

Zurzeit gibt es keine einheitliche Definition von High Potentials; jedes Unternehmen muss sich über die Verwendung und die inhaltliche Bedeutung dieses Begriffes eigenständig im Klaren sein.

Interessant ist die umfassende Überlegung von Winsen (1999), die High Potentials einerseits mit Young Professionals assoziiert und andererseits mit High Flyers und High Potentials an sich. Allgemein könnte danach festgestellt werden: High Potentials sind hoch begabte („sehr talentierte") Frauen und Männer, die sich über die fachliche Qualifikation und Lernbereitschaft hinaus insbesondere durch ihren Willen / Antrieb und durch ihre personalen sowie sozial-kommunikativen Kompetenzen aus dem Durchschnitt abheben. Sie sind die Besten in der Gruppe der Top-Performer und werden im Performance-Vergleich stets singulär oder in sehr kleinen Gruppen vorkommen. Es handelt sich um Personen, die – bezogen auf konkrete Anforderungsprofile – ein exzellentes „Zusammenspiel von Wissen, Wollen, Können und Könnte" zeigen, also hochkompetent sind. Sie erfüllen die gegenwärtigen Anforderungen sehr gut und zeigen deutliches Potenzial für zukünftig verschärfte und erweiterte Kompetenzanforderungen an die jeweilige Tätigkeits- oder Funktionsgruppe. High Potentials „an sich" gibt es nicht. Die Bewertung muss sich stets an konkreten, strategiebasierten Anforderungsprofilen orientieren. Ein High Potential im Vertrieb muss nicht auch ein High Potential im Unternehmenscontrolling sein.

High Potentials können bevorzugt Experten- / Spezialisten-Entwicklungswege einschlagen oder Führungsaufgaben übernehmen, beides mit zunehmendem Schwierigkeitsgrad und zunehmender Komplexität und Dynamik. Sie können eine akademische Ausbildung haben oder Nichtakademiker sein, die durch besonders große selbstorganisierte ziel- und ergebnisorientierte Weiterbildung innerhalb und außerhalb ihrer Unternehmen ihre Karriere (selbst) gestalteten.

Zu letzteren gehört zum Beispiel auch Deutschlands begnadetster Erfinder-Unternehmer, Artur Fischer. Er hat als höchste nachweisbare Qualifikation mit entsprechender Prüfung und einem Zertifikat erfolgreich die Schlosserausbildung absolviert. Der heute 89-Jährige ist Inhaber von rund 1.080 Erfindungen und 5.870 Schutzrechten. Er hat mehrere Ehrendoktortitel, ist Ehrenprofessor, Senator, hat viele hohe Auszeichnungen wie das Große Verdienstkreuz mit Stern der Bundesrepublik Deutschland, ist mehrfacher Ehrenbürger und wurde in die Erfindergalerie des Deutschen Patentamtes aufgenommen. Am 19. Juni 2001 wurde sogar seine Büste im Ehrensaal des Deutschen Museums aufgestellt – als Einziger, dessen Büste noch zu Lebzeiten aufgestellt wurde.

Artur Fischer ist gewiss ein High Potential par excellence. In etlichen Unternehmen, die High Potentials ausschließlich mit einem Hoch- oder Fachhochschulstudium verbinden, hätte er auf Grund formaler Hürden keine Talententwicklungschance gehabt. Und nach den heute geltenden deutschen Hochschulgesetzen der Länder könnte dieser geniale Erfinder, Unternehmer und Wohltäter auch keinen MBA machen, da er die formale Mindestvoraussetzung (erfolgreicher Hoch- oder Fachhochschulabschluss) nicht nachweisen kann.

Human Resources Management (HRM)

ist eine wichtige Erweiterung des Personalwesens mit dem Ziel, „weiche" Erfolgsfaktoren wie etwa die Qualität der Führung, die Dynamik der Organisation und die Entwicklung talentierter Mitarbeiter zu stärken.

Human Resources Management hat insbesondere vier Aufgaben zu erfüllen:
- Potenziale erkennen,
- Potenziale ausschöpfen,
- Potenziale erweitern und
- Potenziale rekrutieren.

Mehr und mehr wird der Begriff Human Resources von dem des Human Capital (Humankapitals) überdeckt, der die Mitarbeiter als immaterielle Vermögenswerte eines Unternehmens ansieht.

Der Marktwert vieler moderner Unternehmen wird kaum noch durch den Wert des materiellen und finanziellen Anlagevermögens und Eigenkapitals (Buchwert) bestimmt. Es kommen die sogenannten unsichtbaren Werte hinzu: das Wissenskapital und das Kompetenzkapital. Der neue Oberbegriff für diese Seite des (allerdings schwer messbaren Wertes) ist „**Humankapital**". Mit diesem Begriff wird der Mitarbeiter als Erfolgsfaktor und als der zentrale Wert eines Unternehmens hervorgehoben und damit das Personalmanagement aufgewertet.

Das **Humankapital** wird wiederum unterschieden in: individuelles, dynamisches und strukturelles. In Personen zu investieren darf nicht als Kosten, Ausgaben gesehen werden, sondern als die Wahrung und Erweiterung eines wichtigen Vermögenswertes. Formell sowie informell müssen alle Anstrengungen unternommen werden, die fachlichen sowie die strategisch-überfachlichen Kompetenzen weiterzuentwickeln und den Mitarbeitern die Möglichkeit zu bieten, ihren unternehmensorientierten Beitrag zu maximieren und damit zugleich ihre Employability, ihren Beschäftigungswert zu erhöhen.

Human Resources Manager

Dieser Begriff wird in der Praxis oft sowohl für die „Personaler" (Personalleiter, in Österreich: Personalist) als auch für die PE'ler (Personalentwicklungsleiter) verwendet und weist auf separate Organisationseinheiten eines Unternehmens zur Personaladministration, -Gewinnung und -Entwicklung hin.

Kernposition und Kernperson (KeP)

Synonyme sind Schlüsselpositionen (key positions) und Schlüsselpersonen (key persons).

Zu den *Kernpositionen* zählen Funktionen und Jobs, die entweder einen mittleren bis großen Einfluss auf den Erfolg der Organisation haben und/oder sehr wichtig sind oder viele Mitarbeiter direkt (unterstellt) oder indirekt (durch Meinungsbildung) beeinflussen.

Somit werden besonders wichtige Führungs- *und* Spezialisten-Positionen ermittelt.

Die Mehrzahl der Führungskräfte sind in einer Organisation *Kernpersonen*. Darüber hinaus können herausragende Spezialisten mit besonderer Verantwortung ebenso dazu gezählt werden. In der Praxis werden nicht selten und fälschlicherweise alle Kernpersonen einerseits mit Führungskräften und andererseits mit High Potentials gleichgesetzt. Aber auch bei den Kernpersonen wird es Personen im Basic Performer-Bereich, im Switcher- und im Top-Performer-Bereich geben.

Kompetenz

Je komplexer und dynamischer Markt, Wirtschaft und Politik werden, desto unsicherer sind alle Voraussagen. Die Menschen müssen mehr und mehr mit Ungewissheit entscheiden, ihr Handeln als auch das von Gruppen und Teams und Organisationen selbst organisieren. Dazu benötigen sie *besondere Fähigkeiten*: Selbstorganisations-Fähigkeiten. Kompetenzen sind die komplexen, zum Teil verdeckten, Potenziale – und somit das *Können* und *Könnte.* Sie umschließen die komplexen Erfahrungen, Handlungsantriebe, Werte und Ideale einer Person oder von Gruppen.

In allen Organisationen spielen Kompetenzen eine zunehmende Rolle. Immer weniger ist der exzellente „Fachidiot" gefragt. Das Beherrschen der fachlichen und methodischen Voraussetzungen für die Arbeit nimmt in der Bedeutung natürlich nicht ab, gilt aber – beispielsweise bei Rekrutierungen und Beförderungen – als selbstverständlich. Erst wirkliche Einsatzbereitschaft, schöpferische Fähigkeit und ausgeprägte Zuverlässigkeit – also personale Kompetenzen –, erst Entscheidungsfähigkeit, Mobilität und Initiative – also aktivitätsbezogene Kompetenzen – erst Teamfähigkeit, Kommunikationsfähigkeit und Pflichtgefühl – also sozial-kommunikative Kompetenzen – befähigen Mitarbeiter und Führungskräfte dazu, Leistungen zu erbringen und Produkte zu schaffen, die sich in echte, überdauernde Wettbewerbsvorteile ummünzen lassen. Mitarbeiterkompetenzen sichern letztlich Flexibilität und Innovationsfähigkeit und damit das Überleben des Unternehmens.

Kompetenzmanagement (KM)

Kompetenzmanagement beinhaltet die unternehmensstrategiebasierte Ableitung und differenzierte Beschreibung der zukünftigen Kompetenzanforderungen, die Erarbeitung kompetenzorientierter Anforderungsprofile für Job- und Funktionsgruppen, die anforderungsorientierte Erfassung der Kompetenzen der Mitarbeiter, Ableitung und das Umsetzen von Maßnahmen zur Kompetenzentwicklung bestimmter Zielgruppen, und es umfasst die Nachweisbarkeit von Kompetenzentwicklungsfortschritten und die daraus resultierenden verbesserten Unternehmensergebnisse.

Kompetenzmanagement-System (KMS)

Das Kompetenzmanagement-System basiert auf der Einheit von Unternehmens- und Personalstrategie. Kernstück des Systems ist ein unternehmensspezifisches, strategiebasiertes Kompetenzmodell, in dem alle zukünftig bedeutsamen Kompetenzen gebündelt sind (vgl. auch Grote/Kauffeld/Frieling, 2006). Auf dieser Grundlage werden die notwendigen Kompetenzanforderungen kontinuierlich an neue strategische Ziele und Aufgaben angepasst. Job- und funktionsspezifische Soll-Profile stellen die normativen Maßstäbe an die Kompetenzen einzelner Mitarbeiter und ermöglichen Soll-Ist-Vergleiche und – wenn notwendig – spezifische Kompetenzentwicklungsmaßnahmen.

Im Kompetenzmodell des Unternehmens wird ferner die interkulturelle Vielfalt und Besonderheit der internationalen Teilunternehmen und Geschäftsfelder beachtet.

Personalmanager

Das können in der Praxis alle Personalverantwortlichen (Führungskräfte) sein, aber auch die Personaler und PE'ler.

Personalmanagement (PM)

Personalmanagement ist die systematische Analyse, Bewertung, Gestaltung aller Personalaspekte im Unternehmen und reicht heute von Personalbedarfsplanung, Personalkostenmanagement, Personalentwicklung und Personalfreisetzung bis zur kompetenzorientierten Rekrutierung, Entwicklung und Einbindung von Talenten.

Wissensmanagement (WM)

Wissensmanagement bedeutet die Einheit von mitarbeiter-, technik- und organisationsorientierten Instrumenten und Verfahren. Es ist zugleich die zielgerichtete Gestaltung organisationaler Lernprozesse mit dem Ziel, erfolgsrelevantes Wissen zu identifizieren, zu erzeugen, zu entwickeln und in ergebnisorientiertes Handeln umzusetzen.

3. Talentmanagement: Alter Wein in neuen Schläuchen?

Wer lange genug in Human Resources Bereichen von Wirtschaftsunternehmen tätig ist und sich an die vielen Auf- und Ab-Bewegungen erinnert, könnte spontan zu dem Schluss kommen, das Thema „Talente" sei eines, das alle 15 Jahre wieder aufs Neue gehoben wird, um dann wiederum zu versinken.

Tatsächlich gibt es jedoch gegenwärtig mindestens zwei gravierende Unterschiede zu früheren Beschäftigungen mit diesem Thema.

Erstens ist der „war of talents" im Zusammenhang mit den schnelleren Wissenszuwächsen und Innovationsverläufen sowie der fortschreitenden Globalisierung ein lebensnotwendiges oder bei Nichtbeachtung ein Entwicklungen gefährdendes Thema für viele Unternehmen geworden.

Zweitens können sich erst heute, nachdem in den letzten 10-15 Jahren wichtige theoretische und praktisch-instrumentelle Durchbrüche zur Kompetenzerkennung und Kompetenzentwicklung gelangen, ganzheitliche Inhalte und Formen eines betrieblichen Talentmanagements durchsetzen.
   Auch in den traditionellen Talentfördereinrichtungen (zum Beispiel Musikschulen, Konservatorien) werden mit der Kompetenzorientierung und den damit verbundenen Effizienznachweisen solche Fragen aktuell: „Wie erreichen wir, dass unsere ‚handwerklich-instrumentell' hervorragend ausgebildeten Musikschüler auch ihr Auftreten als Solisten in der Öffentlichkeit erfolgreich steuern?" „Was sollte wie in der Auswahl und Ausbildung besonders zu fördernder Musikschüler getan werden, um auch ihre außerfachlichen Kompetenzen zu stärken und zu erweitern?"

Der zweite Unterschied zielt auf den wichtigsten Aspekt: Talentmanagement aus heutiger Sicht ist weder eine Einsicht einiger weniger besonders vorausahnender PE'ler noch eine weitere importierte „Mode", die zeitweilig übernommen wird, sondern eine (Über-) Lebensnotwendigkeit. Und: Obwohl in den USA früher und deutlicher proklamiert, kann das Talentmanagement mit den bisherigen US-amerikanischen Managementorientierungen dort nur oberflächlich betrieben werden. Hier liegt eine große Wettbewerbschance für Unternehmen aus dem deutschsprachigen Teil Europas mit einem anderen Zeit- und Strategieverständnis, wenn diese das erkennen und auf eigene Konzepte vertrauen. Modernes Kompetenzmanagement wie auch Talentmanagement weisen eine komplexe Sicht und Förderung der Mitarbeiterkompetenzen auf, nämlich Wissen und Qualifikation *und* Fach- und Methodenkompetenzen, aber *auch* Personale Kompetenzen, Sozial-kommunikative Kompetenzen und Aktivität/Handlungskompetenzen. Präzise strategische Ziele *und* ganzheitliche Erfassung von Kompetenzen werden zukünftig unabdingbar. Die amerikanische Sichtweise von Kompetenzen ist jedoch eine andere, viel engere, als die in Deutschland. Vor kurzem hörten wir einen deutschen Human Resources Manager sagen: „In den USA haben die competencies ausgedient. Man geht jetzt andere Wege. Und wir sind somit auch dabei, uns umzuorientieren. Deshalb erhoffe ich mir einiges aus der Talentmanagement-Welle." Auf unsere Frage, warum nach seinen Aussagen die Kompetenzorientierung in den USA nachlasse, begründete er seine Behauptung wie folgt: „Die Amerikaner haben natürlich auf die fachlichen Anforderungen großen Wert gelegt, auf die Stellenanforderungen, und dann erweiternd bestimmte Persönlichkeitsfaktoren daran gekoppelt. Aber gerade bei letzteren gibt es so viele verschiedene Modelle und Verfahren und die Wahl wird dann sehr beliebig. Der Markt für integrierte Systeme und auch für Auswahlverfahren ist unübersichtlich. Also sucht man etwas Stringenteres. Und außerdem haben HR-Modelle in den USA eine andere Halbwertzeit als bei uns". Auf unsere Nachfrage, ob er sich schon einmal in Deutschland nach einem transparenteren und praxiserprobten Kompetenzmodell umgesehen habe, gab er zu, „diese Szene nicht zu kennen".

Allein über Projektaufträge des BMBF/ESF wurden im Zeitraum 1995-2007 in Deutschland ca. 140 Mio. Euro in die Kompetenzforschung investiert, und es wurden international beachtliche Ergebnisse der Grundlagenforschung, Angewandten Forschung sowie der praktischen Umsetzung realisiert. Eine Vielzahl von Universitäten, Stiftungen sowie Unternehmen und Verbände waren daran beteiligt. Insbesondere über die ABWF e.V. (www.abwf.de) und QUEM e.V. wurden im Zeitraum 1996 bis 2007 jährlich ein Handbuch „Kompetenzentwicklung" mit Beiträgen aus Wissenschaft und Praxis herausgegeben, ferner 22 Bücher der Edition QUEM mit umfangreichen Studienergebnissen, 100 QUEM Reports, ebenfalls mit vielfältigen Studienergebnissen und Praxisempfehlungen für die HR-Bereiche und das unternehmensinterne Management. Und es kam jährlich 6x das QUEM-Bulletin heraus. Im Gesamt dieser Veröffentlichungen, die insbesondere auf das Verdienst von Johannes Sauer zurückzuführen sind, wird unter anderem deutlich, dass die Kompetenzforschung – gepaart mit erfolgreichen Ergebnisumsetzungen in der Unternehmenspraxis – in Deutschland international führend ist und die einengende Sichtweise der USA überwunden hat. Es gibt die klare Orientierung der Kompetenzanforderungen an den lang-, mittel- und kurzfristigen Strategien deutscher Unternehmen. Letzteres trennt deutlich die US-amerikanische von der deutschen Sichtweise, worauf auch Malik (2005) hinweist.
    Er setzt sich intensiv mit dem US-Management auseinander und fordert ein Ende der unkritischen Nachahmung amerikanischer Managementmethoden. Man sollte sich auf die eigenen Stärken und Fähigkeiten besinnen und zu vernünftigem Wirtschaften und einer vernunftbasierten Personalentwicklung zurückkehren.

Der naiven Imitation des scheinbar überlegenen amerikanischen Managements liegen vermutlich zwei Denkfehler zugrunde:
Erstens: Amerikas Wirtschaft ist stark. Tatsächlich ist sie „nur" groß und nutzt den Vorteil eines riesigen gleichsprachigen Binnenmarktes mit gleichen Administrations- und Steuergesetzen.
Zweitens: Die Ursache für die „Stärke" ist ein gutes Management in den amerikanischen Unternehmen. In Wahrheit – so Malik – ist amerikanisches Management nur dort brauchbar, wo man es mit einfachen Verhältnissen und schnellen Ergebnissen zu tun hat. Bei komplexen, multikulturellen oder gar globalen Aufgaben versagt es nicht selten. Analog verhält es sich mit der gegenwärtigen amerikanischen (Außen-) Politik.

Sicher gibt es breite amerikanische Erfahrungen im Bereich der Business Administration, weniger jedoch im antizipierenden, unternehmerischen, strategischen Denken. Und Fragen nach einem visionären Management oder gar nach Werten und Ethik im Management werden im amerikanischen Unternehmensalltag selten gestellt. Management-Gurus wie Peter F. Drucker dachten sehr europäisch und standen nicht selten der amerikanischen Praxis außerhalb von global aufgestellten Unternehmen dissonant gegenüber.

Einer der Mitbegründer des KODE®-Systems, Dr. Horst G. Max, lebt seit 10 Jahren in den USA und beschreibt das dortige Management so:

Nach meinen eigenen Beobachtungen amerikanischer Unternehmen steht das Management ständig und unter weitaus stärkerem Erfolgsdruck als in Deutschland.

Die Jäger-Mentalität der Pionierzeit scheint die Erfolgsstrategie zu sein. Hierbei wird jede erdenkliche Maßnahme ausprobiert, solange sie Erfolg verspricht. Das zwingt zu einer hohen Flexibilität und permanenten Return-on-Invest-Kontrollen. Zeigt eine „Jagdmethode" Schwächen wird sie verändert oder gar eliminiert. Das Konzept beruht auf der „Fast-Buck"-Mentalität. Nur was sich kurzfristig in Gewinn umsetzen lässt, wird praktiziert. Das zwingt zu einer zumindest begrenzten Fähigkeit, Geduld aufzubringen. „Instant Gradification" ist die treibende Kraft und beginnt bereits in der Kindererziehung.

Andererseits findet man immer wieder auch Ansätze, zumindest mittelfristig zu denken. Weg von der Jäger-Mentalität, hin zur Farmer-Mentalität: säen – pflegen – ernten. Im Marketing nennen wir es die „Citrus-Strategie". Einige Früchte sind früh reif und können geerntet werden. Während bislang amerikanische Unternehmen im schnellen Überfliegen diese ersten reifen Früchte ernten und dann weiter nach anderen Bäumen mit reifen Früchten suchen, haben manche Unternehmen erkannt, dass es Sinn macht, nach einiger Zeit zu den alten Weidegründen zurückzukehren, um die inzwischen gereiften Früchte zu ernten. Das setzt mittel- und langfristiges Denken voraus, was den durchschnittlichen amerikanischen Unternehmen abgeht. Dementsprechend ist in den USA auch Personalentwicklung als Maßnahme zur (Mehr-) Wertebildung weitgehend unbekannt.

Wird ein Bedarf zur Weiterentwicklung erkannt, wird er kurzfristig mit dem Nächstliegenden gedeckt.

Was aus unserer Sicht als „Bauen auf Sand" interpretiert werden kann, ist aus der Sicht des Durchschnittsamerikaners eine erwartete Konsequenz.

Ein Beispiel dieser Mentalität wird in der Bauweise von Häusern hier in Florida deutlich. Obwohl Bauvorschriften ein Minimum an Hurrican-Stabilität diktieren, werden diese immer wieder umgangen. Warum? Weil es billiger ist, eine Pappfassade aufzubauen und damit schneller und billiger zu bauen. Durchschnittlich zieht der Amerikaner alle 6 Jahre in ein anderes Haus – und hofft, dass in dieser Zeit alles stabil bleibt.

Langfristige Planung ist zwar immer wieder ein beliebtes Thema und schlägt sich in den Vision- und Mission-Statements nieder, wird jedoch nicht zur Orien-

tierung sondern eher zur Imagebildung missbraucht. Da die „Wahrheit" ohnehin subjektiv gesehen wird, nehmen es viele auch nicht so genau damit.

In der vorigen Woche hatte ich als Rotary District Chairman für Vocational Service die Aufgabe, einen Vortrag über „Ethik am Arbeitsplatz" zu halten. Als Rotarier haben wir klare ethische Regeln. Und natürlich habe ich mich mit dem „Gap" zwischen deklarierten Wertevorstellungen und der alltäglichen Praxis auseinandergesetzt. Von den rd. 140 Zuhörern kamen etliche am Ende zu mir, lobten meine Ausführungen und bekundeten, dass ich sie zum Überdenken angeregt habe. Trotzdem bezweifle ich die nachhaltige Wirkung.

Nicht wenige Human Resources Mitarbeiter konstatieren schlussendlich, dass es keinen Zweck hat, auf neue Moden aus Amerika zu warten, sondern dass sie selbst die für ihre Unternehmen sinnvollen Personalentwicklungs-Wege und -Instrumente erarbeiten müssen. Das ist zugleich aber auch mit einer großen Chance verbunden, sich weg vom Adapter und hin zum unternehmerisch denkenden (Selbst-) Entwickler zu verändern – und die Talentsuche strategisch und längerfristig auszulegen.

Umso wichtiger ist es, die starken internationalen Trends, die das Human Resources Management maßgeblich beeinflussen werden, zu beachten und ihnen proaktiv zu begegnen.

4. Aktuelle Internationale Human Resources (HR)-Trends in Verbindung mit Talentmanagement und Wettbewerbsnachteile in Deutschland

4.1 HR-Trends

Die Globalisierung ist nicht aufhaltbar. Die Internationalisierung der Belegschaft, der Unternehmenskultur und der spezifischen Arbeitsweisen nehmen zu – einhergehend mit der Entsendung nationaler Mitarbeiter ins Ausland, der Einstellung internationaler Arbeitskräfte im Mutterunternehmen und der Arbeit mit international zusammengesetzten Führungsteams.

Für die kommenden zehn Jahre sind insbesondere folgende Human Resources Trends absehbar, die das Führungsselbstverständnis in den Unternehmen deutlich verändern werden:

Trend 1:
Der Bedarf an Hochqualifiziert-Hochkompetenten steigt und bringt deutsche Unternehmen in Bedrängnis

Mit dem Übergang zur Wissensgesellschaft steigt der Bedarf an mobilen Hochqualifiziert-Hochkompetenten und an hochqualifiziert-hochkompetenten Talenten auf den verschiedensten Gebieten, und die Nachfrage wird bei weitem nicht befriedigt werden.
    Eine Hoch- und Fachschulausbildung wird zu einer sich lohnenden Investition – volkswirtschaftlich sowie für den Einzelnen.
    Deutschland als Export-Weltmeister wird zukünftig noch mehr auf hoch qualifizierte Mitarbeiter angewiesen sein.

Deutschland hat bei einer gesamtgesellschaftlichen konzertierten Aktion durchaus gute Möglichkeiten, den *gegenwärtig unbefriedigenden Stand bei der Herausforderung als Wissensgesellschaft* zu überwinden. Dies setzt aber folgendes voraus: Die Erhöhung der Anzahl beschäftigter Ingenieure, mehr Wettbewerb zwischen den Bildungseinrichtungen, Ausbau der frühkindlichen Förderung, ein weitaus größeres Angebot an Ganztagsschulen, Talentförderung sowie breite Kompetenzentwicklung in allen Bildungsetappen. Es ist davon auszugehen, dass schon dadurch die Akademikerquote in den kommenden Jahrzehnten auf 40% verdoppelt werden kann. Hinzu kämen bei einer veränderten Einwanderungspolitik der vorteilhafte Brain-Import sowie bei einer Erhöhung der Attraktivität des Wirtschaftsstandortes Deutschland die Abschwächung des Braindrain und die Nutzung hochproduktiver pensionierter Akademiker.

Trend 2:
Das HR-Management gewinnt in seinem Stellenwert für die Unternehmens-entwicklung an Bedeutung

Die Human Resources Bereiche sind in multinationalen europäischen Unternehmen zunehmend steigenden Unternehmensanforderungen und Veränderungen ausgesetzt und sehen sich heute und in Zukunft in 80% der befragten Unternehmen vor allem mit drei Anforderungen konfrontiert:
* Kostenreduzierung
* Beitrag zum Unternehmenserfolg und Ergebnisnachweis
* Talentförderung.

Mit dem Human Resources Management verbindet sich die Erwartung und eröffnet sich gleichzeitig die Chance, den Mangel an Geschäftskenntnissen zu beheben und mehrwertschaffend-einflussreich die Geschäftspolitik mit zu bestimmen. Nur dadurch erhöhen sich der Status des Human Resources Managements in einem Unternehmen und die Möglichkeiten, Human Resources Entscheidungen auf Vorstandsebene zu treffen.
Während das Human Resources Management 2005 in der Hierarchie der Unter-nehmensfunktionen auf dem achten von neun Funktionen lag, rangiert es 2006 zum Teil schon an vierter Stelle (Kienbaum 2006).

Hewitt (2006) konnte in diesem Zusammenhang drei Schlüsseltrends unterscheiden:
1. Intelligente Transformation: Prozessoptimierungen, Implementierung von Human Resources Portalen für Mitarbeiter, Einführung neuer HR IT-Systeme, Anerken-nung von HR als eine Funktion von strategischem Interesse durch die Vorstände und Geschäftsführungen.
2. Durchsetzung hoher Qualitätsstandards: Implementierung neuer HR IT-Systeme und einer neuen IT Plattform, Auslagerung bestimmter HR-Prozesse (z.B. Lohn- und Gehaltsabrechnung, betriebliche Altersversorgung ...).
3. Regionale Zentralisierung: Reorganisation der HR: 70% der befragten Unter-nehmen beginnen ihre europäischen Dienstleistungen zu zentralisieren. Sie haben heute noch ganz oder teilweise dezentralisierte Human Resources Funktionen und wollen in den kommenden Jahren Human Resources Prozesse standardisieren und zentralisieren.

Trend 3:
Der demografische Wandel zwingt zu neuen Human Resources Szenarien

Im Umgang mit dem unabdingbaren demografischen Wandel zeichnen sich neue Strategien ab, die solche Kriterien wie Leistungsmotivation, Lernbereitschaft, körper-lich-geistige Fitness, Analysevermögen u.a. höher werten als das Lebensalter. Teil-strategien sind (nach Kienbaum):

- Intensivierung des Talent- und Nachfolgemanagements
- Personalentwicklung älterer Mitarbeiter
- Konzepte zur Vereinbarkeit von Familie und Beruf (Work-Life-Balance).

Bezogen auf den Wandel bzw. die Verstärkung ihrer inhaltlichen Aufgaben sehen die befragten PM-Abteilungen für die kommenden Jahre insbesondere folgende Aufgaben:
- Begleitung von Veränderungsprozessen im Unternehmen
- High Performance Management
- Demografie- und Nachfolgemanagement
- Qualifizierung der eigenen Human Resources Mitarbeiter.

Trend 4:
Die Erwartungen hoch qualifizierter Mitarbeiter nach Anerkennung ihrer Leistungen werden anspruchsvoller

Die Beschäftigten wie auch die Absolventen orientieren sich um. Zwar ziehen nach wie vor öffentliche Einrichtungen die meisten Hochschulabsolventen an. Während früher Großunternehmen an zweiter Stelle der Attraktivität standen, wollen nur noch 17% der befragten Deutschen bei einem Großunternehmen arbeiten, rund 25% hingegen in einem Kleinen oder Mittleren Unternehmen. Im Mittelpunkt der Mehrzahl der Befragten stehen die Arbeitsinhalte – und nicht mehr die Größe eines Unternehmens.

Auch bei den Talenten gibt es eine Umorientierung: Die Attraktivität der Arbeitsaufgaben, anspruchsvolle Arbeitsinhalte und die Sicherheit des Arbeitsplatzes nehmen für sie an Bedeutung zu.

Ferner: Von den zumeist jungen Mitarbeitern werden überdurchschnittliche fachliche Qualifikationen sowie darüber hinaus führende überfachliche Kompetenzen erwartet

Einer Studie von PricewaterhouseCoopers (2007) zur Folge sehen 85% der befragten Human Resources Verantwortlichen in den kommenden Jahren die Rekrutierung und dauerhafte Bindung hochqualifizierter Mitarbeiter als größte Herausforderung. Von den zumeist jüngeren Mitarbeitern werden überdurchschnittliche fachliche Qualifikationen *sowie* darüber hinausführende überfachliche Kompetenzen und Stärken erwartet. So werden beispielsweise an Mitarbeiter mit Auslandsaufgaben folgende Anforderungen der ***Interkulturellen Kompetenz*** (als Metakompetenz) gestellt (ACT-Expertenrating 2006. Keine Rangreihe):

- Glaubwürdigkeit
- Hilfsbereitschaft
- Anpassungsfähigkeit
- Beziehungsmanagement
- Kommunikationsfähigkeit
- Offenheit für Veränderungen
- Belastbarkeit
- Konfliktlösungsfähigkeit
- Lernbereitschaft
- Mobilität
- Folgebewusstsein
- Integrationsfähigkeit
- Kooperationsfähigkeit
- Verständnisbereitschaft.

Diese Mitarbeiter werden mit dem Steigen der Begehrtheit auch immer anspruchsvoller. Sie setzen neben einem attraktiven Lohn vor allem auf gute Arbeitsbedingungen, eine ausgeprägte Unternehmenskultur in einem attraktiven Unternehmen sowie auf eine individuell vertretbare Work-Life-Balance. Sie suchen herausfordernde Aufgaben mit Verantwortung und frühem Aufstieg.

> **Internationale Unternehmen mit starker Wettbewerbsposition werden noch mehr in ihre strategische Personalentwicklung und in ein *umfassendes Kompetenzmanagement-System* investieren.**

Trend 5:
Die Anforderungen an Talente steigen sprunghaft

Insbesondere in großen Unternehmen (einschließlich großen mittelständischen Unternehmen) setzt sich ein Talent-Anforderungsbild mit folgender primärer Ausrichtung durch:

* Kosmopoliten-Fähigkeiten: Hohe Anpassungsfähigkeit an unterschiedliche Kulturen, ausgeprägtes Erfahrungslernen, vollendetes Agieren auf internationalem Parkett, Identifikation mit unterschiedlichen Kulturen und Personen.
* Job-Nomaden-Fähigkeiten: grenzüberschreitend körperlich und mental mobil und belastbar, kritische Toleranz gegenüber anderen Kulturen, hohe grenzüberschreitende Lernbereitschaft und -fähigkeit.
* Wertpersönlichkeiten: Feste eigene Bezugssysteme und Wertorientierungen als Voraussetzung internationaler Anpassung, hohe Authentizität und Glaubwürdigkeit.
* Demografische Kriterien: vorwiegend männlich, Altersgruppe: bis 40 Jahre.

> **Talentmanagement wird zukünftig vor allem als Kompetenzmanagement verstanden und praktiziert.**

Abbildung 1 zeigt den hohen Stellenwert des TM in den nächsten Jahren aus der Sicht internationaler Befragungen.

Abb. 1: Fünf kritische Human Resources Themen zur Wahrnehmung der
Wettbewerbsfähigkeit

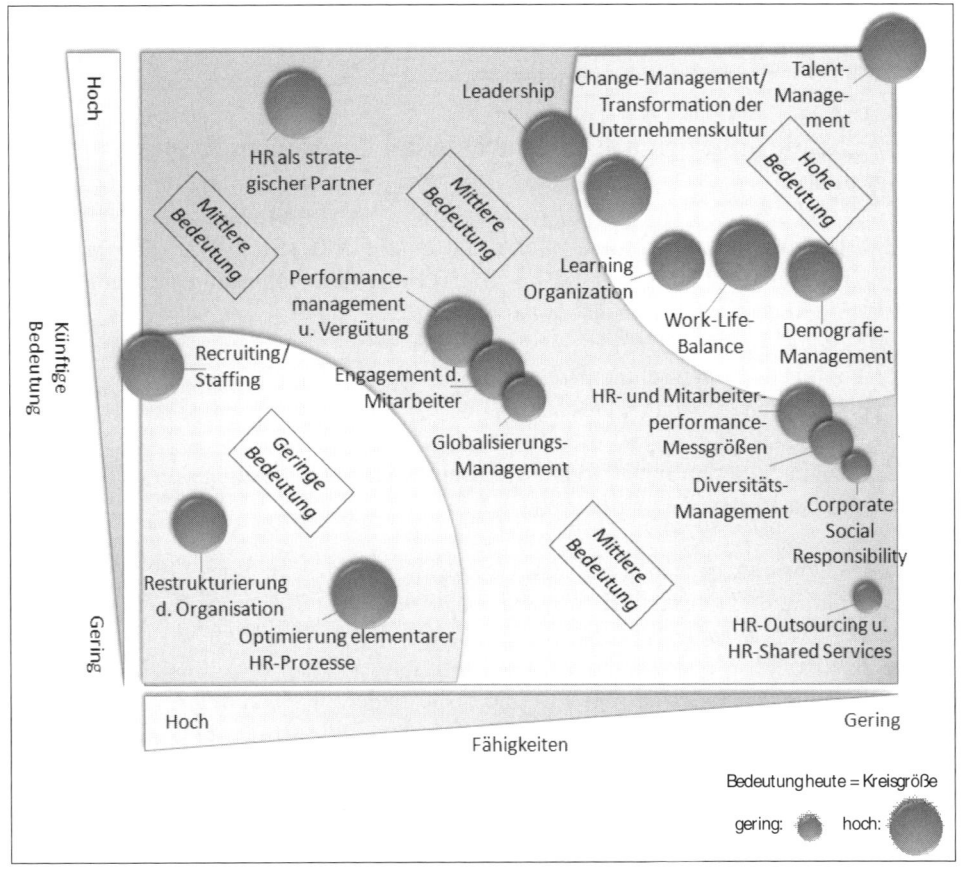

Trend 6:
Das Human Resources Management wird international offener

Es verdichten sich die Anzeichen dafür, dass es innerhalb der nächsten zehn Jahre in
der EU einheitliche Arbeitsverträge und ein weitgehend abgestimmtes Arbeitsrecht
gibt und damit sowohl die Zahl derer, die auf Arbeits-Auslandsaufenthalte hinweisen
können, steigt als auch die Rekrutierung in Deutschland internationaler wird.

4.2 Wettbewerbsnachteile in Deutschland

Betrachten wir die internationalen Trends und prüfen die *Durchlässigkeit* in Deutschland, dann stellt sich uns die Frage nach möglichen strukturellen und mentalen
Barrieren und Hindernissen im betrieblichen Human Resources Management, die diesen Trends entgegenstehen und ihre produktive Bewältigung erschweren. Eine Reihe
von Untersuchungen internationaler Beratungsunternehmen in den Jahren 2006-2007

ermittelten solche, die anscheinend „typisch deutsch", also „hausgemacht" sind und uns im internationalen Wettbewerb behindern (werden). Die wichtigsten Untersuchungsergebnisse seien hier zusammenfassend aufgeführt:

Ergebnis 1:
Unzureichende unternehmensinterne Qualität des Human Resources Managements

Die High Performance Workforce-Studie (Accenture 2007) stellt fest: Die Mehrheit der befragten Geschäftsführer (rd. 80% von 250 Befragten) beklagen eine mangelhafte Qualifikation ihrer Mitarbeiter, insbesondere bzgl.
- des unternehmerischen Denkens und Handelns
- der Kenntnis der Unternehmensstrategie
- der persönlichen Leistungsmotivation.

Das beziehe sich auf sämtliche Organisationseinheiten – unabhängig von den Arbeitsinhalten und der Hierarchieebene.

Die Studie geht den Ursachen auf den Grund und weist nach, dass der mangelhafte Kenntnisstand und -Transfer insbesondere auf *unzureichende Human Resources Strukturen und PE-Möglichkeiten* zurückzuführen ist. Und hier spielen vorwiegend fünf Gründe eine Rolle:
1. Mangelnder Praxisbezug: Die PE- und insbesondere die Trainingsangebote beziehen sich *nur in einem Drittel aller explorierten Fälle* auf konkrete Stellen- oder Jobgruppen- bzw. Funktionsgruppen-Anforderungen und sind ergebnisorientiert.
2. Koordinationshindernisse im Wissensmanagement: keine einheitliche Geschäftskultur bei Unternehmen mit verschiedenen Standorten (40%); unzureichender bzw. kein interner Informationsaustausch auf Grund unterschiedlicher Technologien in ein und demselben Unternehmen (30%); fehlende Infrastruktur für die interne Wissensweitergabe (25%).
3. Fehlende Messung von Human Resources- / Personalentwicklungs-Resultaten: Während im internationalen Maßstab nur rund 50% der befragten Unternehmen den Resultatsnachweis berücksichtigen (auf unterschiedlichem Niveau), gaben mehr als 70% der befragten deutschen Geschäftsführer zu, die Wirkung von Human Resources- / Personalentwicklung auf die Entwicklung des einzelnen Mitarbeiters und auf die Profitabilität bisher nicht gemessen zu haben. 80% ließen den Zusammenhang zwischen erfolgten Personalentwicklungsmaßnahmen und der Veränderung des Betriebsergebnisses bisher unberücksichtigt.

Bereits 1987 gab es übrigens in St. Gallen den ersten Kongress zum Personalcontrolling im deutschsprachigen Raum, und die ersten breiteren Veröffentlichungen von Prof. Rolf Wunderer zu Grundlagen des Personalcontrollings stammen aus der Mitte der 1990er Jahre. Seit dieser Zeit hat sich in deutschen Unternehmen kaum etwas in Richtung einer differenzierteren Evaluation der Wertschöpfung im Personalmanagement getan.

4. Zunehmendes Alter der Mitarbeiter: 25% der befragten Geschäftsführer merken schon gegenwärtig die Auswirkungen des demografischen Wandels. Fast 80% gehen davon aus, dass in den kommenden fünf Jahren der Einfluss älterer Mitarbeiter zunehmen wird und das zu Problemen führen kann. Obwohl allen befragten Unternehmen die demografischen Probleme der Zukunft bewusst sind, beschäftigen sich nur rund 50% der entsprechenden Vorstände/Geschäftsführungen konkret mit den vor ihnen liegenden Herausforderungen, und nur ein Drittel der Human Resources Verantwortlichen arbeitet an entsprechenden Strategien. Sofort umsetzbare zielgruppenspezifische Human Resources Szenarien unter Einschluss der Gruppe „ältere Mitarbeiter" gibt es jedoch kaum in der Praxis; es bleibt bislang bei Lippenbekenntnissen, die jedoch von den Medien euphorisch aufgenommen und verallgemeinert werden.

5. Mangelndes Engagement der Führungskräfte: In den erfolgskritischen Bereichen wie Verkauf / Vertrieb, Kundenservice, Strategische Planung und Finanzen zeigt nur jeder dritte Abteilungsleiter Personalmanagement-Initiativen. Die überwiegende Mehrheit der befragten Unternehmen konzentriert sich auf ein bis zwei Aspekte des Personalmanagements: neben der Weiterbildung auf unterschiedlichem Niveau nehmen Maßnahmen zur Gestaltung der internen Kommunikation zu. Dennoch reicht das nicht aus, um auf Dauer innovativer und schneller als der Wettbewerber zu sein.

Ergebnis 2:
Zunehmender Mangel an Hochqualifiziert-Hochkompetenten

In der IAB-Studie 2007 wird hervorgehoben: Gegenwärtig und in den nächsten Jahren stehen viele Unternehmen vor mehreren Problemen der Gewinnung von hochqualifiziert-hochkompetenten Fach- und Führungskräften:
- Die Anzahl der Bewerber für eine anspruchsvolle Stelle nimmt ab.
- Die Qualifizierung zur Erhöhung der Eignung interner Mitarbeiter für anspruchsvolle Stellen spielt eine große Rolle, taugt aber nur als mittel- oder langfristige Strategie.
- Das Rationalisierungspotenzial ist weitgehend ausgeschöpft; die Kompetenzträger in den Unternehmen altern und müssen in absehbaren Zeiträumen ersetzt werden.
- Für die Unternehmen heißt das: mehr Aufwand und Kosten, um eine Stelle zu besetzen. Für die potenziellen Bewerber hat das Vorteile; sie können besser auswählen und differenzieren stärker zwischen attraktiven Standorten und Unternehmen, Arbeitsbedingungen und Incentives.

Trotz aller Anstrengungen allein bei der Entwicklung von Hochqualifizierten ist Deutschland im Vergleich zu anderen OECD-Ländern (nach Hochkompetenten wurde noch nicht gefragt) weiter zurückgefallen (Vergleichsjahr: 2007). Deutschland steigerte zwar zwischen den Jahren 2000 und 2004 den Anteil der Hoch- und Fachhochschul-Absolventen von 19,3% auf 20,6% je Jahrgang. Das OECD-Mittel lag allerdings 2000 bei 20,5% und 2004 bei 34,8%. Besonders kritisch wird die Situation im Bereich gut ausgebildeter Hochqualifizierter für Deutschland in Anbetracht der zu erwartenden geburtenschwachen Jahrgänge.

Das Potenzial an Studenten ist weitgehend ausgeschöpft; begrenzend ist der in Deutschland nach wie vor zu geringe Anteil an Schülern, der die Hochschulreife erwirbt.

Zukünftig wird beispielsweise in Deutschland der Bedarf an Ingenieuren pro Jahr um 20.000 höher liegen als die Anzahl der Absolventen deutscher Hochschulen pro Jahrgang. Die breitere Zuwanderung ausländischer Ingenieure scheint damit zwangsläufig zu werden.

In früheren Jahren glänzte Deutschland mit einem besonders hohen Prozentsatz von Abschlüssen des Sekundarbereiches II. In der Zwischenzeit sind diese Qualifikationen international weitgehend zur Norm geworden und in Deutschland als Hochlohnland wird das Arbeitsplatzangebot auch für diese Qualifikationsgruppen nur unwesentlich steigen.

Deutschland hat bisher nicht ausreichend auf die Herausforderungen der Wissensgesellschaft reagiert. So stagniert hier – entgegen der Mehrheit der anderen OECD-Länder – die reale Finanzausstattung für das Bildungssystem. Sie liegt unter dem OECD-Durchschnitt.

In den Unternehmen zeigen sich die Schwächen bei der Personalplanung und der Ableitung von Bildungs- und Kompetenzanforderungen auch daran: Langfristige Personalplanung und Personalentwicklungsstrategien gibt es nur bei jedem zehnten Unternehmen, ein Drittel der Unternehmen lebt jedoch lediglich „von der Hand in den Mund" und plant nicht über zwei Jahre hinaus.

Ergebnis 3:
Unternehmensinterne Art und Weise der Rekrutierung genügt nicht den Erfordernissen

Nach Hewitt stellt die Mehrzahl der Unternehmen die falschen Mitarbeiter ein bzw. verbrämt gute Mitarbeiter durch Unterforderung bzgl. ihrer fachlichen und überfachlichen Kompetenzen. Häufigste Gründe dafür sind:
- Die Unternehmen verfügen über keine oder veraltete oder die falschen Rekrutierungskriterien.
- Sie kennen die wichtigsten strategischen und operativen Kompetenzanforderungen der unterschiedlichen Tätigkeits- und Funktionsgruppen nicht; es gibt keine untereinander abgrenzbaren Soll-Kriterien und -Profile. Die Unternehmen haben zu der neuen Tätigkeit, für die neue Mitarbeiter gefunden werden sollen, häufig nicht die richtige Einstellung. So gibt es auch kaum Unternehmen, in denen bewusst auf ein gutes Job Design und Assignment Control geachtet, womit die Tätigkeiten attraktiv und anziehend gemacht werden.

- Das Unternehmen hat zu wenig Anziehungskraft für besonders gute externe Mitarbeiter und Führungskräfte. Es fehlt ein attraktives Unternehmens-Erscheinungsbild, eine Employer Branding-Strategie.

Jeder zweite Personalmanager klagt über eine mangelnde Verfügbarkeit geeigneter Bewerber. Zwar gibt es genügend Bewerber, jedoch zu wenige mit ausgeprägten personalen Kompetenzen oder mit sozial-kommunikativen Kompetenzen. Es fehlt den Bewerbern die erforderliche Leistungs- und Selbstmotivation sowie Analysefähigkeit. Diese Kompetenzen werden einerseits mangels entsprechender Instrumente und unternehmenskultureller Stringenz zu oberflächlich erfragt, und andererseits haben Bewerber oft keine Chancen, ihre Kompetenzen zu offerieren. Bezogen auf den *fachlichen Ausbildungsstand* sind 86% der befragten Personalmanager durchaus zufrieden.

Deutsche Nachwuchsführungskräfte sind einer Studie von PricewaterhouseCoopers (2007) zur Folge sehr selbstbewusst. Sie setzen auf eigene Fähigkeiten, verlassen sich auf sich selbst und investieren viel Zeit für die persönliche Fortbildung, für das Erlernen von Fremdsprachen und den Aufbau von Netzwerken. Sie sind zunehmend aufgeschlossen gegenüber berufsbedingten Auslandsaufenthalten und nehmen für ihr Fortkommen auch größere Einschränkungen im privaten Bereich auf sich.

Der Freizeitbereich hat einen hohen Stellenwert und dient auch der Erweiterung des persönlichen Netzwerkes als einer wichtigen Voraussetzung für die Tätigkeit. Die Freizeit sowie das persönliche Netzwerk sind also für sie sehr wichtige Ressourcen, und sie sichern ihre Entwicklung durch ein gezieltes biografisches Risikomanagement ab: diverse Zusatzqualifikationen und diverse persönliche Beziehungen, um mögliche Umstiege zu erleichtern.

Dieser Anspruchwandel ist anscheinend noch lange nicht in den Bereichen Rekrutierung und Retention Management angekommen.

Ergebnis 4:
Die Förderung der unternehmensinternen Führungsnachwuchskräfte und Talente ist unzureichend

Im Vergleich mit internationalen Untersuchungen schneiden deutsche Unternehmen bei der Förderung der eigenen Führungsnachwuchskräfte und bei der Verfolgung der Fluktuationsbewegungen des Nachwuchses schlecht ab: Während international acht von zehn besonders attraktiven Unternehmen Unternehmenskennzahlen zur Wirksamkeitsmessung ihrer Förderprogramme nutzen, trifft das nur auf ein Drittel der beteiligten deutschen Unternehmen zu. Alle beteiligten ausländischen Top-Unternehmen halten Kontakt zu den fluktuierten Top-Nachwuchskräften, jedoch nur ein Drittel der deutschen Unternehmen. Und: Obwohl die Nachwuchsförderung Aufgabe einer jeden Führungskraft sein sollte, werden nur in knapp zwei Drittel deutscher Unternehmen die Führungskräfte im Rahmen einer Zielvereinbarung bzw. einer formalen Leistungsbeurteilung dafür verantwortlich gemacht. Eine Messung der Aktivitäten im Rahmen der Mitarbeiterförderung gaben nur 44% der deutschen Top-Unternehmen an.

Hewitt stellt gravierende Mängel deutscher Unternehmen im Vergleich zu anderen europäischen Top-Unternehmen fest:

- Ungenügendes Feedback zu Führungsleistungen und insbesondere zur Mitarbeiterförderung
- Fehlende oder zu geringe Nutzung des variablen Vergütungssystems als Stellgröße für die Talentförderung. Bei internationalen Spitzenunternehmen beträgt der variable Bestandteil dafür bereits 50%.
- Die Rekrutierung von Talenten bezieht sich vorwiegend auf jüngere Mitarbeiter und vernachlässigt weitgehend ausländische Spezialisten und ältere Mitarbeiter.

Ergebnis 5:
Frauen werden nach wie vor stark behindert

Frauen-Karrieren in Führungspositionen der Wirtschaft sind eine Seltenheit. Der Frauenanteil im mittleren Management beträgt rund 10%; er nimmt im oberen Management rapide ab.

Entsprechend einer McKinsey-Studie (2007) behindern die nach wie vor dominierenden starren Arbeitsmodelle über das gesamte Berufsleben hinweg und der damit verbundene geringe Frauenanteil an der Gesamtarbeitszeit die Entwicklung weiblicher Führungskräfte. Und umgekehrt: Je größer der Anteil von Frauen an der Gesamtarbeitszeit, desto größer sind ihre Karriereaussichten. Im Vergleich mit 22 anderen europäischen Ländern liegt Deutschland im Mittelfeld. In Norwegen haben Frauen mittlerweile jeden dritten Topmanagementposten inne.

Drei wesentliche Behinderungen wurden ersichtlich:
Erstens die fehlenden flexiblen Arbeitsmodelle selbst; Flexibilität wird häufig mit Teilzeitarbeit verwechselt.
Zweitens fehlen Angebote einer akzeptablen Kinderbetreuung.
Drittens werden in der Wirtschaft nach wie vor kaum Anstrengungen sichtbar, weibliche Talente zu finden, zu binden und zu entwickeln. Die Vorstände und Geschäftsführungen kümmern sich um diese Fragen kaum und schreiben so das Fehlen von entsprechenden Bemühungen in der Unternehmenskultur fest. Weibliche Mentoring- und Rollenmodelle auf den Führungsebenen werden vermisst.

Ergebnis 6:
Human Resources Management ist bei weitem noch keine „Chefsache"

Bei sieben der attraktivsten zehn *europäischen* Arbeitgeber setzt sich das Top-Management aktiv für eine erfolgreiche Nachwuchsplanung, -auswahl und -entwicklung ein. Sie haben diese komplexe Aufgabe zur *Chefsache* erklärt und verbinden diese Aufgabe mit dem wirtschaftlichen Erfolg des Unternehmens.

Hingegen verfügen 90% der deutschen Unternehmen über kein differenziertes individuelles Personalmanagement und haben ihre Human Resources Programme nicht auf die spezifischen Bedürfnisse unterschiedlicher Mitarbeitergruppen abgestimmt, einschließlich Führungskräfte und Talente.

Und nur 30% großer deutscher Unternehmen nutzen differenzierte Informationen zum Potenzial, Leistungen, Bedürfnissen u. a. ihrer Mitarbeiter und Führungskräfte für ein aktives internes Talentmanagement.

Bedenklich ist die Lage auch im Weiterbildungssektor. Laut DIHK (2007) nehmen in Deutschland nur 42% der Arbeitnehmer pro Jahr an einer generellen Weiterbildung teil. Im Vergleich zu allen westlichen EU-Ländern bewegt sich Deutschland damit im unteren Drittel. Länder wie Finnland, Dänemark oder Österreich liegen zum Teil bei über 80%. Das Ganze spitzt sich weiter zu, wenn bedacht wird, dass gegenwärtig versucht wird, auch den zunehmenden Bedarf an Kompetenzentwicklung über traditionelle Weiterbildungsformen abzudecken.

Ergebnis 7:
Deutsche Führungskräfte dominieren nach wie vor auf den fach- und sachorientierten Gebieten und haben Nachholbedarf in den sozial-kommunikativen

In internationalen Vergleichen agieren deutsche Führungskräfte deutlich mehr als Führungskräfte anderer Länder fach- und sachbezogener und haben deutlich mehr Probleme mit persönlicher Nähe, Empathie und vertrauensvollem Delegieren.

Die Personalberatungsgesellschaft Personnel Decisions International (PDI) fand bei einer internationalen Studie mit 7.500 Managern von mehr als 500 Unternehmen aus 12 Ländern darüber hinaus weitere Verschiedenheiten deutscher Manager gegenüber ihren ausländischen Kollegen: Deutsche Führungskräfte haben eine höhere emotionale Stabilität (Neigung, Emotionen intensiv und unmittelbar zu empfinden und wiederzugeben als sie zu unterdrücken). Andererseits fallen sie jedoch durch eine wesentlich niedrigere soziale Verträglichkeit (soziale Verträglichkeit im Sinne von Neigung, nach Harmonie zu streben und Gruppenbedürfnisse über individuelle Bedürfnisse zu stellen) auf. Klaus J. Schuler von PDI betont: „Deutsche Manager wirken wegen ihrer geringen Verträglichkeit und hohen emotionalen Stabilität auf Manager in Ländern wie Japan oder Saudi-Arabien, deren Persönlichkeitszüge meist gegenteilig sind, möglicherweise schroff und rücksichtslos. Umgekehrt ist uns hier in Deutschland das Bedürfnis nach Gruppenharmonie fremd. Anstatt die Persönlichkeiten ändern zu wollen, sollten deutsche Führungskräfte lernen, diese Unterschiede zu akzeptieren und mit ihnen zu arbeiten."

Das gilt in gleichem Maße für die Zusammenarbeit mit Talenten und deren Ansprüchen und Eigenheiten. So müssen deutsche Führungskräfte lernen, ihr Verhalten an Persönlichkeits- und Interessenunterschiede anzupassen, um die Effizienz und Kooperation zu erhöhen und das Beste für das Unternehmen zu gewährleisten.

Der Vergleich „Trends" und „gegenwärtige Hemmnisse / Wettbewerbsnachteile" offenbart zum Teil tiefe Klüfte. Letztere sollen weiter zugespitzt werden, indem wir uns einige Minuten den in der Regel verdrängten, zugedeckten Widersprüchen im betrieblichen Alltag zuwenden, speziell den typischen Mängeln in unserem Management. Solange diese nicht offen diskutiert und im unternehmenskonkreten Fall als geringfügig eingeschätzt werden, hat ein umfassendes Talentmanagement keine Chance. Es ist ein offenes individuelles wie kollektives Ansprechen durch das Top-Management und die PE'ler notwendig, ein klares Maßstabsetzen und Aufnahme der Maßstäbe in die Unternehmenskultur-Realisierung sowie entsprechende Vorbildwirkung durch das Top-Management, Aufnahme der „Führungsqualität" als messbares Vergütungskriterium im variablen Gehaltsteil, Widmung von intensiven Weiterbildungsmaßnahmen und Trainings zu diesem Thema u.v.a.m.

Die Darstellung der nachfolgenden typischen Widersprüche soll verhindern, dass die Augen vor diesen verschlossen werden und so getan wird, als würde sich das Talentmanagement durch einfache Informationen und Anordnungen quasi per Vernunft und von allein durchsetzen. Solange nicht mutig und offensiv an Widerspruchslösungen gearbeitet wird, so lange sind alle Bestrebungen in Richtung eines effizienten Talentmanagements auf Sand gebaut.

5. Widersprüchlicher betrieblicher Alltag

Ein PE'ler, der schon lange im Geschäft ist und der sich in den zurückliegenden Jahren sehr engagiert in seinem Unternehmen für den Aufbau eines Kompetenzmanagement-Systems eingesetzt hat, antwortete uns auf unsere Frage, was er von der viel diskutierten *Neuausrichtung auf Talentmanagement* hält, folgendes:

„Wenn man es genau nimmt, ist das Talentmanagement ein Teil eines umfassenderen Kompetenzmanagements. Die Hervorhebung ist also einerseits ein Zeichen für den so genannten alten Wein in neuen Schläuchen. Andererseits sind etliche – aus welchen Gründen auch immer – mit dem Kompetenzmanagement im eigenen Unternehmen nicht gestartet oder auch nicht weitergekommen, und nun wird es durch eine andere Tür versucht…Obwohl seit etwa zehn Jahren in Deutschland über Sinn und Notwendigkeit eines betrieblichen Kompetenzmanagements mit allen Konsequenzen diskutiert wird, sind laut Umfragen im Jahre 2006 nur rund 30% der Unternehmen mehr oder weniger konsequent zur Entwicklung eines solchen übergegangen. Ich bin ‚lange Wellen' bis zur Durchsetzung notwendiger Entwicklungen gewöhnt, sehe aber auch, dass die Mehrzahl der Führungskräfte zu einer ernsthaften Beschäftigung mit solchen Fragen anscheinend nicht bereit oder auch nicht in der Lage ist. Sie sind als aktive Fachexperten Manager geworden – ohne so recht zu wissen, was sie als Führungskräfte zusätzlich machen und verantworten müssen. Sie sind leidensfähig und erprobt im ‚Überwintern'. Sie haben schon etliche Moden, zum Beispiel 360° Feedback oder Führungskraft als Coach, überlebt. Und so werden sie auch Kompetenzmanagement überleben, und Talentmanagement ist willkommen, da es anscheinend von KM ablenkt und sich durch die wahrscheinliche Zuspitzung auf eine Elite am Widerstand der Betriebsräte zerreiben wird. Man braucht nur abzuwarten. Ein alter Meister aus der Produktion sagte mir einmal, dass mit ‚all dem weichen Zeug' noch nie ein Auto gebaut worden und das alles nur Moden sind, an die sowieso keiner da oben glaubt.

Unternehmen sind von vielen solchen Betonmauern durchzogen. Insofern bleibt die Mehrzahl der Führungskräfte hinter ihren Mauern hocken und fühlt sich darin bestätigt, sich auf diesem Gebiet gar nicht erst zu engagieren und Auseinandersetzungen vorzubeugen. Ein Teufelskreis! Ich glaube nicht, dass die Mehrzahl unserer Führungskräfte sich zum Talentmanagement bekennen wird."

Hinsichtlich der Gleichsetzung von Talentmanagement mit Kompetenzmanagement sind wir ein wenig anderer Meinung und gingen auf den Vergleich bereits bei den begrifflichen Erläuterungen im 1. Abschnitt ein.

Würden wir diesen alten Haudegen nicht schon viele Jahre als engagierten, gegenüber Neuem offenen und grundsätzlich optimistisch-zupackenden Menschen kennen, hätten wir ihm sicher in seiner drastischen Verallgemeinerung widersprochen, allerdings aus eigenen Untersuchungen wohl wissend, dass nicht wenige unserer Führungskräfte ihre eigentlichen Aufgaben und Instrumente nicht oder nur unzureichend kennen und bessere Verwalter als *Führungs*-Kräfte sind.

Tatsächlich gibt es eine Reihe grundsätzlicher Widersprüche in der Praxis, die nicht weggewischt werden dürfen, wenn darüber nachgedacht werden soll, wie das Management für die vor ihnen liegenden und über ihre Fachspezialisten-Qualifikation hinausführenden Aufgaben gestärkt werden müssen.

Wir sehen vor allem *zehn Widersprüche* im betrieblichen Alltag:

1. Zunehmender internationaler *war of talents* einerseits und mangelnde Bindung der eigenen Talente an das Unternehmen sowie häufiges Übergehen dieser bei Neubesetzungen zugunsten einer externen Personalbeschaffung.
2. Notwendigkeit der Stärkung der Unternehmenskultur und des Vorlebens von Wertorientierung und wertbasiertem Verhalten (Vorbildrolle) einerseits und dem Mangel an Personaler und/oder Sozial-kommunikativen Kompetenzen bzw. mangelnde Reflexion dieser wichtigen Rollenanforderungen bei vielen Führungskräften.
3. Objektive Notwendigkeit des Erkennens und Entwickelns von Kompetenzen (und Talenten) durch die Führungskräfte – insbesondere der Linie – einerseits und der Unkenntnis von Kriterien zum Erkennen und von Möglichkeiten der Intervention und Förderung. Talentierte Führungskräfte mit hoher Personaler Kompetenz werden häufig (und je höher die Einsatzebene, desto krasser) ausgestoßen.
4. Einerseits werden mit zunehmendem Veränderungs- und damit auch sozialem Orientierungsdruck die Anforderungen an Führungs-***Persönlichkeiten*** deutlich erhöht, insbesondere an die Human Resources Manager und Mitarbeiter. Andererseits gibt es gerade in diesem Bereich gegenwärtig einen personellen Umbruch zugunsten junger, „sportlicher" PE'ler, die nicht selten als Autodidakten mit viel spielerischer Energie, jedoch ohne strategische Orientierung und ausgeprägter Persönlichkeit auf neuen Modewörtern surfen.
5. Einerseits erfordern Kompetenz- und Talentmanagement ein ganzheitliches und im Unternehmen vernetztes Vorgehen. Andererseits stehen große Unternehmen vielfach vor einer Zersplitterung der Personalabteilungsfunktionen in separate Organisationseinheiten mit eigenen Zielen und Vorstellungen. Der Aufwand für das Schnittstellen-Management ist enorm.
6. Notgedrungen werden neue Stellen zur lateralen Koordinierung und Kooperation geschaffen wie zum Beispiel „Talentmanagement-Manager" – eine Art Super-Talent (jedoch ohne Weisungsbefugnis).
7. Einerseits herrscht in vielen Unternehmen eine *kurzfristige* Erfolgsorientierung oder aber drastische Misserfolgsvermeidungshaltung vor, und unter dem Shareholder-Druck werden fast ausschließlich die fachlichen Kompetenzen wahrgenommen. In relativ schnellem Wechsel werden Führungskräfte ausgetauscht, oder sie verlassen selbst das Unternehmen. Andererseits wird mittel- und langfristig damit kein Gewinnzuwachs erreicht; ehemals gesuchte Talente werden vernichtet und demotiviert. Die Orientierung auf schnellen Profit („Koste es was es wolle") geht zu Lasten der Erhaltung sowie der Bindung von Talenten und führt zur Erhöhung von Umfang und Kosten der Headhunter-Aktivitäten.
8. Einerseits wächst die Notwendigkeit der Performance- sowie Förderdifferenzierung. Andererseits bestehen bei der Mehrzahl der Führungskräfte große

Unsicherheiten und eine ausgemachte Scheu vor Differenzierung in der Performance-Bewertung und Kompetenzentwicklung.

9. Bisher war die Human Resources Arbeit vorwiegend durch administrative Arbeiten gekennzeichnet. Immer mehr greift die Einsicht, dass die Rolle des Human Resources Managements grundsätzlich neu bedacht und mit radikalen Veränderungen verbunden werden muss. Einerseits muss sie strategisch und die Veränderungen müssen sehr komplex ausgerichtet sein. Andererseits verlaufen die Veränderungen jedoch nur sehr zögerlich, selektiv auf einzelne Prozesse und Instrumente gerichtet, und bleiben im Taktischen verstrickt.

10. Einerseits ist unbestreitbar, dass Wissenszuwachs und Innovationen zu den wichtigsten Voraussetzungen für den Erhalt und die Verstärkung der Wettbewerbsfähigkeit von Unternehmen zählen. Andererseits verhindern das jedoch Manager mit einseitigen Orientierungen auf subjektive Machtausübung. Machtausübung wird häufig als Chance genutzt, nicht hinzulernen zu müssen. Einseitige Machtausübung bis hin zu Machtmissbrauch verzögern bzw. verhindern Wissenszuwachs und Innovationen. Für Unternehmen ist es aber weitaus förderlicher, auf Einflussnahme statt auf Machtausübung der Manager zu setzen. Einflussnahme berücksichtigt die Interessen und Ansichten der unterstellten Mitarbeiter. Bei der Machtausübung hingegen werden die Interessen anderer kaum berücksichtigt. Hochrangige Machtausübende verstärken oft das Falsche; immer drastischere Maßnahmen werden ergriffen, um den vermeintlich rechten Weg weiter zu verfolgen. Die mangelnde Lern- und Einsichtsfähigkeit machen einerseits die Akteure immun gegenüber wichtigen Warnsignalen und verhindern andererseits ein offenes Feedback seitens der verängstigten unterstellten Führungskräfte und Mitarbeiter.

6. Talentmanagement im Einzelnen

Talente umfassen mehr als nur Kompetenzen, sind jedoch ohne diese nicht erklärbar. Sie schließen sowohl *erstens* die lebensbiografisch erworbenen und vielfach bewährten Grund- und Teilkompetenzen als Fähigkeit zum selbstorganisierten Handeln als auch *zweitens* die Basis-Fähigkeiten, aus eigener Kraft Kompetenzen selbstreflektiert und selbstorganisiert zu entwickeln ein, sowie *drittens* Persönlichkeitseigenschaften, die die Umsetzung mehr oder weniger beeinflussen. Es ist also offensichtlich, dass Talent*management* umfassender ist als Kompetenz*management*.

> **Talent*entwicklung* ist hingegen mit Kompetenz*entwicklung* weitgehend identisch.**

Letztlich sind es nur die Kompetenzen, die im Erwachsenenalter bedingt entwickelbar sind, während die Fähigkeit selbst, Kompetenzen zu entwickeln sowie die Persönlichkeitseigenschaften in der Regel stabil und zumindest kurzfristig unveränderlich bleiben.

Das Bewusstsein für die Bedeutung des Kompetenzmanagements ist in den zurückliegenden 10 Jahren deutlich gestiegen. Allerdings existieren sehr unterschiedliche Vorstellungen von Kompetenzen nebeneinander: vom umfassenden Sinne, wie wir Kompetenzen vertreten, bis hin zur Begrenzung von Kompetenzen auf Wissen und Qualifikationen.

So gibt es eine Vielzahl von externen und internen Beratern, die **lediglich Fertigkeiten und Wissen** diagnostizieren und als Kompetenzen ausgeben – zumal diese Vorstellung von Kompetenzen bei nicht wenigen Unternehmen vorherrscht. Andererseits gibt es aber nur wenige Kompetenzdiagnostik-Verfahren, die sich in der betrieblichen Praxis in Breite bewähren (im deutschsprachigen Raum vor allem KODE®, KODE®X, Kasseler Kompetenz Raster, ASSESS®). Und die Zahl derer, die auf die Ziele und Aufgaben des Kompetenzmanagements mit eigenen Instrumenten hinzielen (KODE®X, Kassler Kompetenz Raster) ist noch kleiner. Das einzige umfassende Selbsttrainingsverfahren zur Kompetenzentwicklung, das auch neuartige Interventionsmöglichkeiten bietet, ist zurzeit nur das KODE®X-System (Heyse/Erpenbeck 2007).

Schlussfolgernd heißt das: Es gibt in der Praxis sehr unterschiedliche Vorstellungen von Kompetenzmanagement.

6.1 Verhältnis Talentmanagement-System zu Kompetenzmanagement-System

Talentmanagement-System und Kompetenzmanagement-System bedingen einander.

Beide Systeme liegen sehr eng bei einander, und man kommt folgerichtig durch Ausweitung oder Spezifizierung der Zielgruppen zum jeweils anderen System. Wichtig ist es jedoch, mit einem der beiden Systeme zu beginnen.

Zwei Beispiele verdeutlichen diesen Zusammenhang:
- Im Unternehmen A wurde ein Talentmanagement-System integriert, das sich auf die eher traditionellen Talentgruppen „Führungskräfte", „Führungsnachwuchskräfte" und besonders wichtigen „Fachspezialisten ohne Mitarbeiterverantwortung" orientiert. Nach und nach wurde deutlich, dass auch andere Gruppen hinzukommen mussten, wie zum Beispiel international einsetzbare Vertriebsleute, internationale Projektmanager und andere. So weitet sich immer mehr der Blick auf das Ganze und das breite Reservoir der Mitarbeiter, das es zu erkennen und zu heben galt. Das Talentmanagement-System entwickelt sich mehr und mehr zu einem Kompetenzmanagement-System mit breiterem Anspruch.
- Im Unternehmen B wurde von Anfang an auf die Entwicklung eines Kompetenzmanagement-Systems orientiert, in dem es keine „Förder-Hierarchien" gab. Durch Aufkauf zweier anderer Unternehmen wurde dem Besetzen der Führungspositionen und der Analyse des Verhältnisses von Kernpositionen zu Kernpersonen zeitweilig besondere Bedeutung zugemessen, und es wurde eine zeitweilige Stabsstelle zur schnellen Analyse, Gewinnung und Integration dieser Personengruppe eingerichtet. Letztere wurde als Manager für Talentbetreuung deklariert. Hier ist man also vom Allgemeinen zum Besonderen übergegangen, das Talentmanagement-System war ein herausgehobenes Teilsystems des Kompetenzmanagement-Systems.

Die Gegenüberstellung beider Systeme ist keine intellektuelle Spielerei, sondern hat tiefergehende Konsequenzen: Zum einen existiert ein Kompetenzmanagement-System in etlichen Unternehmen mit einer deutlichen unternehmens-philosophischen und -strategischen Grundlage und ist das Ergebnis eines komplizierten Such- und Einigungsprozesses der Unternehmensleitung mit den Linienmanagern. Unternehmensstrategische Ziele werden formuliert und darauf aufbauend die (neuen) Kompetenzanforderungen für die zu erhaltenden oder neuen Job- und Funktionsgruppen. Dann werden die verschiedenen Human Resources Instrumente abgeleitet – von der Rekrutierung bis zur zielorientierten Personalentwicklung. *Das TM ist ein zwar wesentlicher, aber nicht ausschließlicher Teil des Kompetenzmanagements.*

Zum anderen versuchen die Kompetenzmanagement-Systeme die gegenwärtige Zersplitterung der Personalbereiche zu überwinden und das Kompetenzmanagement insbesondere als Schnittstellenmanagement zu nutzen und auf eine komplexe Sicht und Förderung der Mitarbeiterkompetenzen zu orientieren.

6.2 Entwicklungsdynamischer Talentmanagement-Ansatz

Talente müssen sich entfalten können, brauchen Entfaltungsraum. Es müssen also herausfordernde Möglichkeiten gegeben sein und eine sorgsame, professionelle Unterstützung.

1. Das Unternehmen fördert alle Möglichkeiten, dass die Mitarbeiter die Tätigkeiten finden, die am besten zu ihrem Talent passen. Individuelle Karriereentwicklung wird durch Angebot und Nachfrage bestimmt.
2. Das Unternehmen ermittelt sehr differenziert den Talentebedarf und schließt die Analyse von Kernpositionen und Kernpersonen genauso ein wie die des Ersatzbedarfes, der doppelten Absicherung neuralgischer Funktionen sowie die der High Potentials, die gerade in Krisenzeiten multivalent einsetzbar sind und unbedingt an das Unternehmen gebunden werden müssen.
3. Die Fähigkeit, herausragende Führungskräfte zu finden und an sich zu binden, ist ein Schlüssel zum unternehmerischen Erfolg.
4. Ausgewählte Führungsnachwuchskräfte werden so unterstützt, dass sie selbständig ihren Karriereweg im Unternehmen finden.

Talente sind für überdurchschnittliche Leistungen eine wichtige Voraussetzung, nicht aber die Garantie. Es darf nichts dem Selbstlauf überlassen werden.

Das Talentmanagement orientiert sich vor allem auf die erfolgskritischen und schwieriger zu rekrutierenden Zielgruppen Führungskräfte, Führungsnachwuchskräfte und besondere Spezialisten: Nachfolgeplanung und Entwicklung. Beispiel: In einem Unternehmen wird auf Grund der absehbaren Pensionierung eine wichtige Kernposition in den nächsten zwei Jahren frei. Bereits 2-3 Jahre vor der Pensionierung muss die Vorbereitung eines Nachfolgers beginnen.

Das Talentmanagement orientiert nicht nur auf ausgewählte „High Potentials", sondern auf die Leistungselite, Arbeitskräfteelite. Und das können ganze Teams, Teile der Belegschaft sein.

6.3 Sensibilität beim Erkennen und Unterstützung von Talenten

Im Zusammenhang mit Talentmanagement ist es sehr wichtig, dass das individuelle „Talent" (Potenzial, Kompetenz) von Bewerbern und Mitarbeitern im Vordergrund steht und nicht die augenblickliche fachliche Passfähigkeit für eine momentan vakante Stelle oder Aufgabe.

Wenn ein Unternehmen wirklich (und sichtbar gestützt durch die Unternehmenskultur) Talente sucht, dann werden zum Beispiel Bewerber als KUNDEN angesehen, die unterschiedliche, interessante Kompetenzen haben (in Japan werden Obere Führungskräfte nach ihren Kompetenzen ausgewählt und demgemäß um sie andere Organisationsformen und Strukturen entwickelt).

Andererseits kann immer wieder beobachtet werden, dass unter besonders günstigen Arbeitsbedingungen „Talente auffällig" werden, die jahrelang ein Teil der „grauen Masse" waren und sogenannte Außenseiter zu Spitzenkräften avancieren können – so sie eine Gelegenheit erhalten.

Das sei an zwei Beispielen illustriert:

1. Ein 60-jähriger Mitarbeiter in einem Forschungsinstitut, das sich mit Bautechnologien befasste, unterbreitete eines Tages den Vorschlag, einen Wetterdienst für das Bauwesen einzurichten, um mit entsprechenden regionalen (und später auch örtlichen) Wettervorhersagen die Arbeit vor Ort effizienter zu gestalten und Ausfälle durch frühzeitige Veränderung der Arbeitsabläufe zu minimieren. Der Mitarbeiter galt als guter Fachmann mit soliden, aber keineswegs überdurchschnittlichen Ergebnissen. Er arbeitete lieber allein und war sehr ruhig. Er fiel nicht weiter auf und war gewissermaßen „(ab)gestempelt und weggelegt". So traf sein erster mündlicher sowie dann auch schriftlicher Vorschlag auf taube Ohren und wurde zwar lächelnd angenommen, aber trotz mehrer Nachfragen nicht beantwortet. Der Mitarbeiter hatte jedoch für diese Idee Feuer gefangen und holte sich von Bauunternehmen wie auch vom Wetterdienst Fürsprachen und Machbarkeitsaussagen ein und wurde schließlich beim Institutsdirektor vorstellig. Schließlich erhielt er einen Projektauftrag und erarbeitete in Zusammenarbeit mit späteren Nutzern sowie mit dem Wetterdienst ein fertiges Projekt, das dann auch realisiert wurde und viel Zustimmung in der Praxis erhielt. Das liegt nun schon eine Zeit zurück, lässt aber deutlich erkennen, dass
   - Talente nicht altersabhängig sind und stets Herausforderungen brauchen,
   - fehlende Wahrnehmung für Talente gute, kommerziell verwertbare Ergebnisse verhindern kann und dass bei vielen Jahren der Zusammenarbeit analog zur sogenannten Betriebsblindheit auch eine Art von Personenblindheit auftritt (Verhaltensänderungen werden nicht bemerkt),
   - dass sich Talente ihre Fahrbahn suchen und am Level der selbst gesuchten Aufgaben erkennbar sind.

2. Im Firmenkundenbereich einer Großbank wurden erste Schritte zum Aufbau eines Kompetenzmanagement-Systems unternommen und strategiebasiert die fachlichen (operativen) sowie überfachlichen (strategischen) Kompetenzanforderungen abgeleitet und mit einem neuen Beurteilungssystem für die Firmenkundenbetreuer verbunden. Die neuen strategischen Kompetenzanforderungen standen zum Teil deutlich im Widerspruch zum bisherigen Rollenbild des Firmenkundenbetreuers. Früher fühlte sich der Bankangestellte eher als Beamter, der aus dem „Schutz der Bank" heraus agierte und dem Kunden Standardprodukte offerierte, die in der Regel nicht kundenspezifisch aufbereitet wurden. Es überwog der sicherheitsorientierte, eher introvertierte Standardberater, der darüber hinaus nur den aktuellen Geschäftsabschluss im Auge hatte. Das Rollenverständnis, dass „Akquisition vor Ort" eher als notwendiges, zeitaufwändiges Übel bezeichnete und sich fast ausschließlich auf den Nachweis einer hohen Bank-Fachkompetenz orientierte, war (ist?) auch bei vielen Führungskräften und Kundenbetreuern stark verbreitet. Behäbigkeit auf der einen Seite, Angst vor

nicht überschaubaren Risiken bei neuen Kundengruppen in neuen Geschäfts-
feldern und persönliche Unsicherheiten aufgrund fehlender Erfahrungen im
Management komplexer und langfristiger Kundenbeziehungen auf der anderen
Seite kennzeichneten die Situation.

Zu der Zeit wurde kritisch eingeschätzt, dass ca. 50% der damaligen Firmenkundenbetreuer den zukünftigen Anforderungen insbesondere im Bereich der Personalen
Kompetenzen sowie der Sozial-kommunikativen Kompetenzen (noch) nicht gewachsen waren. Das zukunftsorientierte Rollenverständnis setzte hingegen einen Kundenbetreuer in den Mittelpunkt, der in hohem Maße kontaktfreudig, kommunikativ, akqui-
sitionssicher und auf partnerschaftliche Zusammenarbeit nach innen und nach außen
orientiert ist. Damit erhielt auch die offensive Akquisition einen hohen inneren
Stellenwert und eine andere Abfolge und Logik – ähnlich wie in anderen Verkaufs-
bereichen mit langfristiger Kundenorientierung.

Abb. 2 zeigt den damals notwendigen Wechsel in der Kunden- und Kommunika-
tionswahrnehmung.

Abb. 2:   Veränderungen im Akquisitionsverhalten

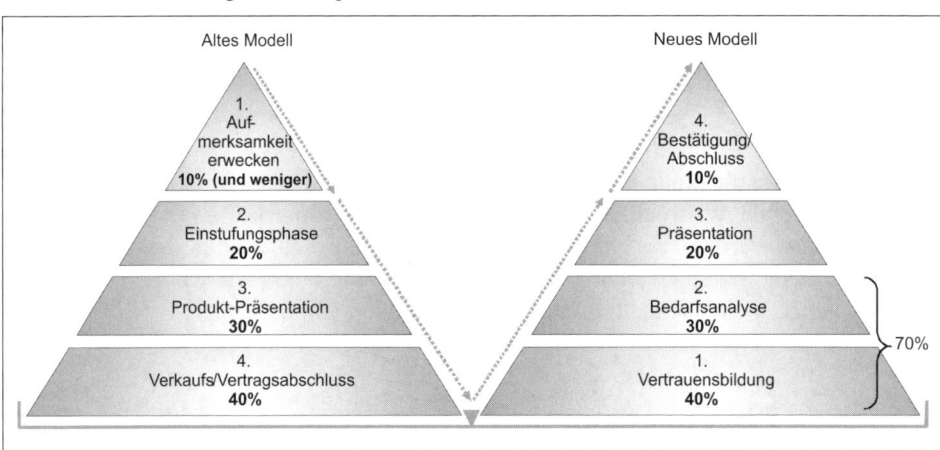

Zu diesem Zeitpunkt bewarb sich ein studierter Sinologe, der zehn Jahre in China gearbeitet hatte und für die deutsche Wirtschaft sowie für Verlage erfolgreich tätig war,
bei dieser Bank als Firmenkundenbetreuer. Die Familiengründung ließ ihn zurück-
kommen und in der Großstadt X eine neue Tätigkeit suchen. Die erste Reaktion der
Linienmanager und der Personalabteilung war Ablehnung, „da es sich hier um keinen
Banker" handele und das dem Rufbild der Bank schaden könne. Erst nach mehrfacher
Intervention des damaligen Beraters, der die Einführung des neuen Kompetenzmanagements begleitete, mit dem Verweis auf die Kompetenzen des Bewerbers, die
vielen   Firmenkundenbetreuer   fehlten   (Kommunikationsfähigkeit,   Beziehungsmanagement, Verhandlungssicherheit…) wurde der Sinologe mit der Maßgabe auf
Probe eingestellt, sich in einem Sonderprogramm schnell das notwendige bankspezifi-
sche Wissen neben der Arbeit anzueignen.

Tatsächlich bewährte sich der neue Mitarbeiter schon nach sechs Wochen und ging unvoreingenommener und erfolgreich auf neue Kundengruppen zu, verkaufte mehr Produkte als der Durchschnitt der Firmenkundenbetreuer und kooperierte stark mit anderen Fachabteilungen der Bank, sicherte sich und der Bank gute Teamselling-Lösungen, verbunden mit einer deutlichen Kundenzufriedenheit. In einer Analyse fiel auf, dass der durchschnittliche Kundenbetreuer 4-6 bankeigene Produkte verkaufte bzw. die Kunden erfolgreich an andere Fachabteilungen mit solchen Produkten (von rund 90 möglichen) vermittelte. Der neue Mitarbeiter schaffte es auf 10.

Aus diesem Beispiel wird ersichtlich, dass
- sich Talente durch besondere Herausforderungen und durch Ermöglichungen seitens des Managements und des Mitarbeiterumfeldes entfalten,
- gerade in großen (geistigen) Umbruchzeiten Außenseiter des Selbstverständnis der Anhänger alter Rollen empfindlich stören und durch eigene Leistungen die Neuausrichtung am besten legitimieren können,
- die Konzentration auf die führenden Kompetenzträger, Talente schneller zum Erfolg führt als das Sich-Verlieren beim Abbau von Schwächen,
- in Umbruchzeiten dem Erkennen und Rekrutieren von Talenten, die zur Beschleunigung des notwendigen Wandels beitragen können, eine besondere Rolle zukommt – im Widerspruch zu Vorurteilen und Abwehrhaltungen der Belegschaft,
- sich Talente nicht in erster Linie an Qualifikationen feststellen lassen, sondern an der eigenen Lernbereitschaft, Selbstmotivation und Selbstverwirklichung. Man erkennt sie an dem freiwillig übernommenen Lernpensum, an ihrer Zielbeharrlichkeit und an ihrem hohen Leistungsanspruch. Letztere sind wichtige Indikatoren und gleichzeitig Hinweise darauf, dass Talente grundsätzlich im Erwachsenenalter nicht erlernt werden können; die Aufgabe des Talentmanagements besteht vielmehr darin, Talente zu erkennen, zu fördern, sich entfalten zu lassen und blockierende (Arbeits-) Bedingungen zu reduzieren bzw. zu beseitigen.

6.4   Zweckgebundenheit des Begriffes

Welche Vorstellungen verbinden sich mit Talentmanagement in der Praxis? Zum einen wird Talentmanagement als Synonym für Konzepte des erweiterten *Recruitings* (einschließlich Relationship Management) für Führungsnachwuchskräfte und ggf. weitere Job- bzw. Funktionsgruppen verwendet, zum anderen wird mit Talentmanagement die *Betreuung, Förderung und Bindung* von High Potentials und Führungskräften verbunden. Insofern ist der Begriff ein Sammelbegriff für bestimmte Potenzialteile und die Personalerkennung und -entwicklung und noch relativ allgemein. Zum anderen wird mit Talent verbunden, dass es sich um Personen mit herausragendem Wissen und/oder außerfachlichen Kompetenzen handelt, die für das Unternehmen besonders nützlich und wertvoll sein können, zumal sie mehr als andere Neuem gegenüber aufgeschlossen und auf verschiedenen Gebieten innovativ sind. Hier wird eine enge Verbindung der Begriffe Talent, Kompetenz und Kreativität unterstellt.

Was ist nun richtig? Tatsächlich gibt es für den Human Resources Praktiker in einem Unternehmen kein Richtig oder Falsch; es ist allein die Frage des jeweiligen Zuganges und der beabsichtigten Aussage. Wichtig ist es allerdings, dass man eingangs zum Ausdruck bringt, wozu man diesen Begriff wählt und was damit ausgedrückt werden soll; sonst redet man unnütz aneinander vorbei.

Die Betonung des Talentmanagement bringt dann Vorteile, wenn mit der neuen Orientierung tatsächlich neue unternehmenskulturelle (Wert-) Orientierungen, Einsichten und Instrumente verbunden werden. Das sollten unter dem internationalen Zwang der Gewinnung und Bindung von herausragenden Führungskräften und Spezialisten insbesondere sein:

- die enge Verzahnung der Arbeit mit Talenten mit der Unternehmensstrategie,
- die Wahrnehmung und Behandlung der Talente wie wertvolle Kunden, um die sich das Unternehmen intensiv bewirbt,
- die Entwicklung/„Produktion" von Talenten im Unternehmen selbst und
- die Förderung von Talenten – unabhängig vom aktuellen Stellenbesetzungsbedarf und nicht als situativ-spontanes Stopfen von Löchern, sondern als Wettbewerbsfaktor und Überlebensziel. Dabei sollten die strategischen Zielgruppen keinesfalls auf Führungsnachwuchskräfte begrenzt werden.

Um wirklich ein ganzheitliches TM zu gewährleisten muss sich auch die HR-Abteilung oder -Stelle dem Problem nach den heute und in den nächsten Jahren erforderlichen Kompetenzen stellen und die abgeleiteten Anforderungen und Maßstäbe integrativ mit den oft formal getrennten Verantwortungsbereichen für die Personalplanung, Personalbeschaffung, Personaladministration und Personalentwicklung besprechen und durchsetzen.

7. Talentmanagement-Schwerpunkte

Die acht wichtigsten Talentmanagement-Schwerpunkte sind:

- Definition erfolgskritischer Aufgaben und Funktionen
- Konzentration auf erfolgskritische Zielgruppen
- Modernes Personalmarketing nach innen und nach außen
- Aktive Suche nach Talenten, intern differenziert beginnend
- Periodische Beurteilung und Kompetenzentwicklungs-Kontrolle. Beurteilung auf der Grundlage eines Soll-Ist-Vergleiches und Ableitung differenzierter individueller Entwicklungsmaßnahmen (hier müsste eigentlich auch immer die Suche nach Verbesserung bzw. Veränderung der Arbeits- und Kommunikationsbedingungen verbunden sein).
- Periodische Analyse der Talentmanagement-Funktionalität und -Vitalität (Leidenschaftlichkeit der Talent-Förderung)
- Langfristige Entwicklung der Talente: *unternehmensinterne talent production.* durch Nutzung der Interventionsvielfalt. Kombination von Maßnahmen und Instrumenten: hybrider Interventionsansatz!
- Bindung der Talente im Unternehmen.

7.1 Dissonanzen: Talente und Führungskräfte

Talente muss man in der Regel nicht motivieren; sie sind in hohem Maße selbstmotiviert und suchen herausfordernde Aufgaben. Die wichtigste Aufgabe der Führungskräfte besteht in diesem Zusammenhang darin, den Talenten eben solche Aufgaben zu übertragen, die dafür notwendigen Arbeitsbedingungen konsequent zu schaffen und zu verbessern und unbürokratisch notwendige flankierende Entscheidungen zu treffen. Gemäß einer Hewitt-Studie zu diesem Thema ist ein großer Teil der befragten High-Potentials mit der Leistung ihrer Führungskräfte unzufrieden, insbesondere hinsichtlich der Handlungskonsequenz: „Sie reden viel und handeln wenig" (Hewitt 2006). Das bezieht sich sowohl auf die konkrete Zusammenarbeit als auch auf die Umsetzung von entsprechenden Förderprogrammen. Vorhandene Programme werden oft nur mangelhaft genutzt, und über die eigentlichen Leistungsanreize, die über einen längeren Zeitraum zu Höchstleistungen führen, ist man sich nicht im Klaren bzw. beachtet sie nicht strategisch. Es wird oft nur von Aufgabe zu Aufgabe und Aktion zu Aktion gedacht.

Mehrere andere Untersuchungen kommen zum gleichen Ergebnis: Solche Anreize sind *erstens* herausfordernde Aufgaben und Arbeitsbedingungen, sowie transparente Entwicklungsmöglichkeiten mit zeitnahen neuen Herausforderungen und Verantwortung, *zweitens* eine leistungsadäquate Vergütung, insbesondere unter dem Aspekt der Wertschätzung ihrer Person und Leistung, *drittens* ein ausgewogenes Verhältnis zwischen

Arbeit und Freizeit und in diesem Zusammenhang auch freie Entscheidungen zu Arbeitszeit und -ort.

Aus Nachbefragungen fluktuierter Top-Talents wurden die wahren Gründe für den Wechsel der Arbeitgeber bekannt: An **erster** Stelle steht die fehlende oder mangelhafte Wertschätzung der beruflichen Leistung und Person, an **zweiter** Stelle fehlende Entwicklungsmöglichkeiten und berufliche Herausforderungen. An **dritter** Stelle wird eine unzureichende Entlohnung beklagt, die mit der ersten Ursache wohl eng zusammenhängt. An **vierter** Stelle wurden Unstimmigkeiten im Verhältnis zur Führungskraft bzw. anderen Mitarbeitern und sonstiges genannt.

Im Widerspruch zu den Erwartungen der Talente, die Arbeit frei und flexibel gestalten zu können, steht übrigens auch die Tendenz vieler Führungskräfte, die nachgewiesene Arbeitszeit über die tatsächlichen Arbeitsergebnisse und Produktivität zu stellen.

7.2 Talentmanagement-System

Talentsuche und -förderung sind immer in einem größeren organisationalen Rahmen zu betrachten und setzt ein System von Schritten und Maßnahmen voraus. Wir unterscheiden *acht grundsätzliche Schritte*.

Abb. 3: Talentmanagement-System

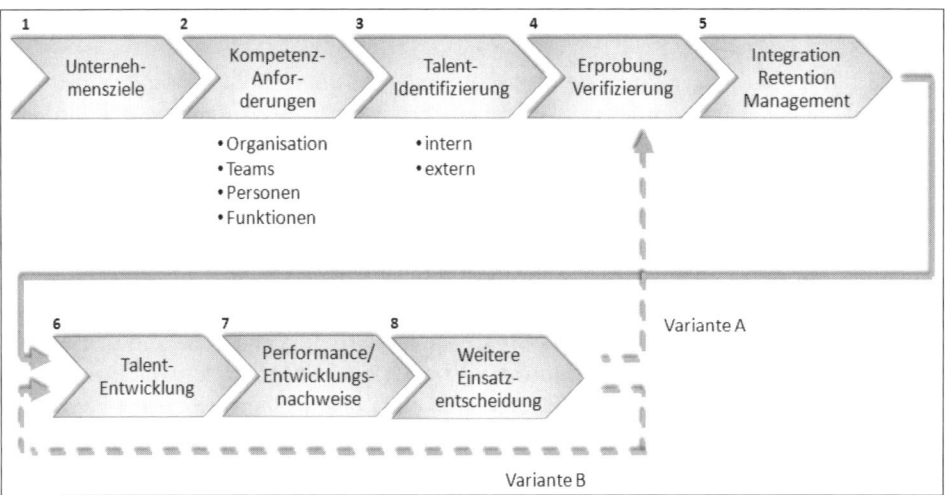

Schritt 1 im Talentmanagement-System ist die
Ableitung strategischer Unternehmensziele

Ein effizientes Talentmanagement *muss* auf der Unternehmensstrategie aufbauen. Das sagt sich hier so leicht. Tatsächlich stehen wir in der Praxis häufig vor einem Dilemma: Es gibt zwar Strategien oder unternehmensstrategische Ansätze. Diese sind jedoch sehr allgemein gehalten, den eigentlichen Akteuren weitgehend unbekannt oder kaum brauchbar, da über Jahre nicht mehr aktualisiert.

Da jedoch die strategischen Ziele das A und O für alle Talentmanagement-Aktivitäten sind, soll an dieser Stelle auf einige Grundsätze und typische Fehler bei der Arbeit mit der Unternehmensstrategie hingewiesen werden, um nicht in die genannte Falle zu tappen.

Das strategische Verständnis

Entscheidend für den Erfolg eines Unternehmens ist die richtige Strategie. Sie gibt die Richtung an, richtet die Produktionsplanung aus und beeinflusst maßgeblich die Kommunikation nach innen und nach außen.

Strategie ist das, was ein Unternehmen einzigartig macht. Strategische Überlegenheit wiederum setzt voraus, dass man sich der eigenen Strategie bewusst ist und diese offensiv kommuniziert.

Eine gute Strategie sichert das Überleben auf dem hart umkämpften Feld der Wirtschaft. Sie dient der günstigsten Positionierung gegenüber den Wettbewerbern, der Positionierung durch Differenzierung.

Strategien sollten immer in gemischten Teams mit sehr guter Kenntnis des Geschäfts und der gültigen Geschäftspraktiken entwickelt werden und nicht Top-down. So ist es sehr wichtig, wie ein Strategieteam zusammengesetzt wird. Es müssen einerseits die wichtigsten Glieder der Wertschöpfungskette in persona vertreten sein. Andererseits muss eine brainstorming-ähnliche Diskussionsatmosphäre geschaffen werden, was voraussetzt, dass die Strategieteam-Mitglieder ziel- und lösungsorientiert sind und reinen Bedenkenträgern der Zugang ins Team verwehrt wird.

Wenn von Strategie gesprochen wird, dann wird an Visionen gedacht und an Trendbetrachtungen über einen Zeitraum von 8, 10 oder mehr Jahren. Ein solcher Langblick ist insbesondere bei Unternehmen in einer Mehr-Generationenfolge wichtig. Immer dringlicher werden jedoch kürzere strategische Betrachtungen mit konkreten Zielen und Maßnahmen. Ein Fehler, der nicht selten in größeren Unternehmen anzutreffen ist, ist das typische (und ausschließliche) Top-down-Denken mit den daraus resultierenden Mängeln:

- Zeitverschwendung an einer sehr allgemeinen, *nicht lebendigen* Unternehmensstrategie, die auch nicht kommuniziert wird und damit für alle Seiten unverbindlich bleibt;
- Unternehmensstrategien über einen langen Zeitraum (10 und mehr Jahre), die sich auf so genannte Forschungsberichte und Supertrends beziehen, die eine Voraus-

sagbarkeit der Zukunft suggerieren. Je unberechenbarer die Welt wird, umso mehr wird versucht, längerfristige Voraussagen zu erhalten, nach denen entschieden werden kann, was zu tun ist;

- Weigerung, ein mögliches Scheitern einzukalkulieren. Keine Gegenszenarien für schwere Zeiten (zum Beispiel: Einbruch des Umsatzes um 20%);
- Zurückhaltung und Zaudern, den gegenwärtigen Erfolg optimal zu nutzen und auszubauen.

Wenn von kurzfristigeren Strategien und strategischen Zielen gesprochen wird, dann wird an einen Zeitraum von 18-24 Monaten gedacht. In einigen Branchen, z. B. IT und Multimedia, ist das schon wieder ein *sehr langer* Zeitraum. Generell kann jedoch eine solche Zeitspanne einerseits noch besser überschaut werden, und andererseits entscheidet sich gerade in den nächsten zwei Jahren, ob der eingeschlagene strategische Weg richtig ist, ob die inzwischen eingetretenen Erfolge das weitere Vorgehen in dieser Richtung rechtfertigen oder ob gegebenenfalls die Strategie verändert werden muss. Immer mehr werden strategische Überlegungen auf den Weg und weniger auf starre langfristige Ziele fokussiert. Top-down-Denken sieht jedoch im Ziel ausschließlich das Ergebnis und setzt nicht selten unerreichbare Ziele. Anders ist es mit den strategischen Zielen eines überschaubaren Zeitraums. Sie kennzeichnen das unbedingt zu Erreichende – als Voraussetzung für die weitere erfolgreiche Entwicklung. Sie berücksichtigen die Kunst des Möglichen. Sie ermöglichen das Mobilisieren aller Kräfte und einen auf Hochtouren laufenden Entwicklungsprozess.

Strategische Ziele sollten sich stets an den Kernkompetenzen (Was kann das Unternehmen wirklich gut?) eines Unternehmens ausrichten und unternehmensspezifische Spezialisierungen ermöglichen.

Häufig werden Stärken eines Unternehmens mit Kernkompetenzen verwechselt. Kernkompetenzen entsprechen den folgenden sechs Kriterien: wertvoll am Markt, selten, übertragbar auf mehrere Märkte, schwer imitierbar, beständig, nicht substituierbar. Oft sind sich die Führungskräfte oft der vorhandenen Kernkompetenzen und ihrer Quellen nicht bewusst. Die Quellen von Kernkompetenzen sind: Unternehmensressourcen, Mitarbeiterkompetenzen, Wissen, Netzwerke und Beziehungen.

Die strategischen Ziele müssen sich durch Einfachheit und Erreichbarkeit auszeichnen. Nur so sind sie realistisch und erreichbar. Sie müssen davon ausgehen, was wirklich ist, den Gesetzen der Logik folgen und Eigeninteressen ausschalten.

Wichtig ist die Umsetzung. Die besten Führungskräfte wissen, dass die Richtung allein nicht ausreicht; die Richtung, die strategischen Ziele müssen nach innen gut verkauft werden, es muss geworben und mitgerissen werden. Die Richtung muss durch Wort und Tat erlebbar werden. Sie müssen klar, deutlich und konsequent *um*gesetzt werden (im Sinne von „aus dem Kopf ins unternehmerische Handeln").

Die strategischen Ziele sollten sich nicht an Zahlen aufhängen, die nachfolgenden Maßnahmen schon. Verfolgt man die richtigen strategischen Ziele, dann folgen die

Zahlen von allein. Wenn jedoch die Hauptaufgabe im Management darin gesehen wird, die Mitarbeiter nur auf das Erfüllen von Umsatzzielen zu dressieren, wird die eigene sowie die Gesundheit des Unternehmens riskiert. Artur Fischer, der Gründer der Fischer-Werke und Deutschlands größter Erfinder, sagte in einem Interview mit dem Autor: „Als Unternehmer muss ich mir immer wieder Ziele stecken, natürlich. Jedoch sollte man Ziele nicht an Zahlen orientieren, denn sobald man nur die Zahlen sieht, ist man gebunden, gefangen, eingeschränkt. Man muss Zahlen haben. Aber wenn ich die Ziele und Aufgaben erfülle, dann erfülle ich auch die Zahlen – und nicht umgekehrt. Denn die Zahlen können falsch sein, aber Ziele und Aufgaben stehen immer da. Nicht immer klar, aber sie sind da. …*Wenn* ich die Ziele und Aufgaben erledigt habe, dann klappt alles Weitere und der Umsatz stellen sich ein."

Während in kleineren und mittleren Unternehmen überhaupt die konsequente Entwicklung von Strategien als sehr schwierig empfunden (und lieber umgangen) wird, scheint das in großen Unternehmen weniger ein Problem zu sein, zumal man auch gewohnt ist, zu solchen Fragen Berater ins Haus zu rufen. Gemeinsam sind jedoch der Mehrzahl der Unternehmen unterschiedlicher Größenordnung die Schwierigkeiten bei der *Umsetzung der Strategien*, beginnend bei der Ableitung und Kontrolle von konkreten Maßnahmen. Und was nur selten in die Umsetzung einbezogen wird, ist das Ableiten von Anforderungen an das Humanpotenzial aus der Strategie heraus – sowie die zweckmäßigste Umsetzung dieser.

Hier wird eine große Kluft sichtbar: Auf der eine Seite steht die mehr oder weniger mühsam erarbeitete Strategie (ohne konkrete Umsetzung). Auf der anderen Seite steht die Personalentwicklung mit der Orientierung: „Macht mal Weiterbildung, aber nicht zu teuer!" Damit wird ein Führungsversagen auf beiden Seiten und das Fehlen einer (Umsetzungs-) Brücke ersichtlich. Viel Humanpotenzial bleibt dadurch ungenutzt. Es gibt eine empfindliche Lücke zwischen dem Erkennen und dem sinnvollen Tun. Und viele Strategien verschwinden nach ihrer Formulierung und Bestätigung durch den Aufsichtsrat oder die Geschäftsleitung in irgendwelchen Geheimfächern.

Zur Umsetzung von Strategien ist es notwendig, eine kleine Zahl gemeinsamer Ziele und Prioritäten festzulegen und sich dann mit aller Kraft auf die wenigen Dinge zu orientieren, die die größte Auswirkung auf den Unternehmenserfolg haben.
    Für die Umsetzung spielen ferner Transparenz, Messbarkeit und klare Verantwortlichkeit für die Ergebnisse eine große Rolle.

Ableitung Strategischer Ziele – Grundlage für Talentmanagement-Programme

In den letzten Jahren hat sich das Kompetenzmanagement-Verfahren KODE®X sehr erfolgreich gerade für die Schritte 1, 2 und 7 im Talentmanagement-System bewährt (vgl. Heyse 2007.1).

Für die systematische und strategiebasierte Arbeit ist es notwendig, das Team so zusammenzusetzen, dass die wichtigsten Bereiche durch die wichtigsten Entscheider und

Kernpersonen vertreten sind, angefangen beim Vorstand oder der Geschäftsleitung. Der Personalbereich muss ebenso durch einen Teilnehmer vertreten, darf jedoch nicht überrepräsentiert sein.

Günstig ist ein Top-Team mit 6-9 Personen, die an neutralem Ort (zum Beispiel in einem Tagungshotel), ohne Telefonunterbrechung und mit ganztägiger Präsens zusammenkommen.

Die Diskussion zur Unternehmensstrategie kann sich in kleinen und mittleren Unternehmen bis ca. 2.500 Mitarbeitern auf das ganze Unternehmen beziehen. In größeren Unternehmen sollte sie sich auf Teilstrukturen beziehen, zum Beispiel auf eigenständige Werke oder auf Querbereiche (zum Beispiel auf den Vertrieb international mit rund 2.300 MitarbeiterInnen eines großen, weltweit agierenden Unternehmens).

In der Regel geht die Moderation in vier Schritten vor:

Schritte / Fragen	Zeitbedarf
1. *Woher* kommt unser Unternehmen? Was sind unsere Wurzeln und bisherigen Kernkompetenzen?	1/8.
2. *Wo* stehen wir heute? Wie ist unsere Marktposition? Wer ist unser stärkster Wettbewerber und wie stehen wir ihm gegenüber?	1/8.
3. *Wohin* wollen wir? Was sollen zukünftig unsere Kernkompetenzen sein?	3/8.
4. *Wie* kommen wir dorthin? Welche Ziele müssen wir unbedingt in den kommenden (1.5 bis 2) Jahren erreichen, um die längerfristigen Ziele zu realisieren?	3/8.

Bei kleineren bzw. gut zu überschauenden Organisationen mit einem langjährigen Führungskräftestamm wird häufig mit dem 3. Schritt begonnen, und die Moderation konzentriert sich dann auf die Schritte 3 und 4.

Interessant ist auch, an *aktuell erarbeiteten* Visionen und Strategien (nicht länger als ein Jahr alt) anzuknüpfen oder *aktuelle* Balanced Scorecards zum Ausgangspunkt zu nehmen. Letztere sind in der Regel eine Mischung von strategischen Zielen und nachfolgenden Umsetzungsmaßnahmen.

Für die KODE®X-Strategiediskussion ist es wichtig, dass
• über die strategischen Ziele eines annähernd überschaubaren Zeitraumes nachgedacht wird, ohne deren Erreichung die weitere Entwicklung der Organisation beeinträchtigt oder gefährdet ist;
• im Rahmen der heterogenen Zusammensetzung die unterschiedlichsten Betrachtungen und Bewertungen eingefangen werden: Geschäftsleitung, Produktion, Entwicklung, Marketing, Vertrieb, Personal, Service, Betriebs-/Personalrat... Insbesondere interessieren die marktnahen Erfahrungen;

- alle Teilnehmer davon ausgehen, dass im Ergebnis der Strategiediskussion immer etwas Unvollendetes stehen wird, eine Art Torso, der in den kommenden Monaten weiter ausgeformt und verifiziert werden muss. Die Anpassung der strategischen Ziele an den Markt mit seinen Veränderungen sollte in jährlichen Abständen erfolgen (in bestimmten Branchen ist das sogar eine zu große Zeitspanne, zum Beispiel in IT oder Multimedia). Wichtig ist nicht die Suche nach Vollständigkeit, sondern die Konzentration auf das Wesentlich, auf wenige Ziele, die jedoch um so konsequenter umgesetzt werden müssen;
- nach der Ableitung von drei bis fünf extern und intern zu verfolgenden Zielen auch eine konsequente Maßnahmeplanung zur Umsetzung dieser Ziele auf der Ebene aller Organisationseinheiten erfolgen und die Maßnahmenrealisierung in festzulegenden Zeitabständen kontrolliert werden muss;
- die erarbeiteten strategischen Ziele von allen Anwesenden mitgetragen und gegenüber den MitarbeiterInnen vertreten werden müssen.

Solcherart durchgeführte Strategiediskussionen erhalten von den Anwesenden einen hohen Zuspruch:
- In den meisten Organisationen kam man in einer solchen Runde noch nie zu einer Strategiediskussion zusammen.
- Diese Zusammensetzung führt Bereiche über ein für alle Seiten relevantes Thema zusammen, von denen zwar „Laterale Kooperation" erwartet wird, die aber im Alltag kaum an gemeinsamen strategischen Aufgaben arbeiten.
- Mit einer straffen, ergebnisorientierten Moderation werden in einer sehr kurzen Zeit praktikable Ziele erarbeitet, verbunden mit der Entwicklung weiterer Führungsinstrumente. Die anwesenden Führungskräfte und Kernpersonen lernen intensiv im Team und hautnah ihr eigenes OE- und PE-Management. Weiterführende Fragen eines Talentmanagements erhalten eine hohe Plausibilität und Wichtigkeit.

Die erarbeiteten strategischen Ziele sind sodann die Grundlage für alle weiteren Schritte im Talentmanagement-System.

Schritt 2 beinhaltet die **systematische Ableitung von Kompetenzanforderungen** und Kompetenzprofilen.

Auch hier gibt es unterschiedliche Herangehensweisen, und es werden Mängel in der betrieblichen Praxis deutlich.

Die Arbeit mit KODE®X führt zu sicheren sowie raschen Ergebnissen.
KODE®X verfolgt vor allem die Ziele:

A   organisationsspezifische Kompetenzanforderungen von strategischer Bedeutung zu ermitteln

B   aufgabenspezifische Kompetenzanforderungen aufzuklären und

C   personenspezifische Kompetenzpotenziale zu analysieren und perspektivisch zu nutzen und

D   personenspezifische Kompetenzentwicklungen anzuregen.

KODE®X geht von vier Grundkompetenzen aus:

Abb. 4: Vier Gruppen von Grundkompetenzen

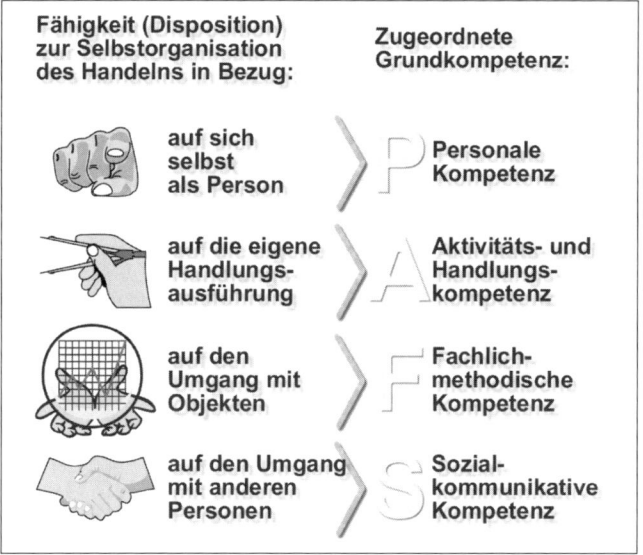

Mit dem empirisch gewonnenen und wissenschaftlich abgesicherten Instrument KODE®X-**KompetenzAtlas** lassen sich, über die vier Grundkompetenzen hinaus, differenziert Teilkompetenzen ermitteln. In dem Kompetenzatlas sind den Grundkompetenzen (als grundlegende Dispositionen) jeweils eine größere Anzahl von Teilkompetenzen zugeordnet – insgesamt 64.

Abb. 5:   KompetenzAtlas mit 64 Teilkompetenzen

KODE®X selbst vereint verschiedene Instrumente in neuer Ausrichtung und Form:

Abb. 6:   KODE®X-Instrumente

Führungskräfte aller Ebenen verlieren durch die Arbeit mit KODE®X ihre Scheu vor der Verantwortung bezüglich eines umfassenden Personalmanagements, indem sie die wichtigsten Schnittstellen und Zusammenhänge mühelos erkennen und mit KODE®X steuern und beherrschen lernen.

Abb. 7:   Scharnierfunktion von KODE®X

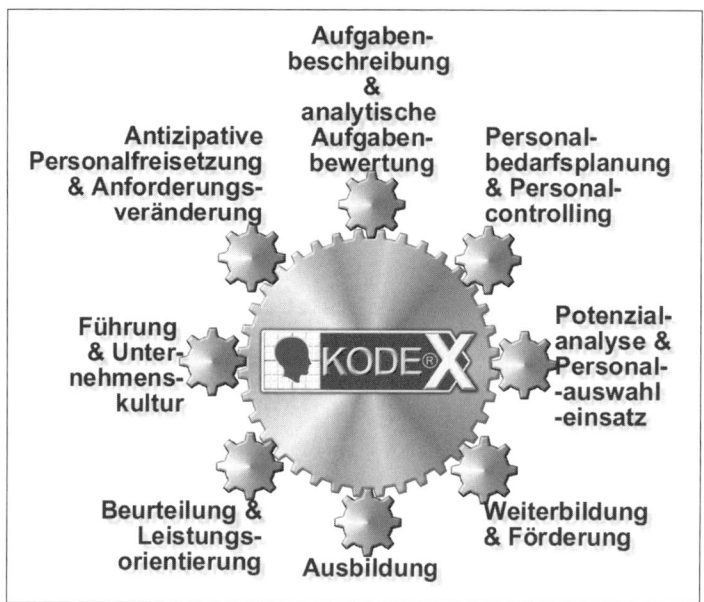

KODE®X orientiert *nicht* auf irgendwelche starren Skills, Bedingungen und Maßnahmen, sondern auf die Erfassung und Entwicklung von *just-in-time-Kompetenzen*. KODE®X ist quasi ein Instrumentenkasten *und* Kompass für die Praxisimplementierung zugleich. KODE®X ist *kein* fertiges, „ausdrückbares" System, sondern exzellentes *Rohmaterial* zur Anpassung an die spezifischen betrieblichen Ziele, Strategien, kulturellen Werte und Akteure.

KompetenzAtlas

Kommen wir zurück auf den KompetenzAtlas.

Die 64 Teilkompetenzen sind ausführlich beschrieben und können – ausgehend von einem gleichen Verständnis der Bewerter – bei Potenzialanalysen und Einzel-Beurteilungen verwendet werden. Nachfolgend sind zwei der 64 Beschreibungen wiedergegeben. Sie erfolgen stets nach dem gleichen Aufbau:

Oberer Block:	Arbeitsbezogene Identifikationsmerkmale/ Beobachtungs- und Beurteilungsmerkmale als „Rohlinge" gedacht und somit präzisierbar und ergänzbar.
Mittlerer Block:	Lexikalische Definition – feststehend und nicht veränderbar.
Untere Zeile:	Beispiele für Kompetenzübertreibungen. Das KODE®X zu Grunde liegende Kompetenzmodell geht davon aus, dass eine Übertreibung von Kompetenzen und Stärken zu Schwächen führen können (Stärken-Schwächen-Paradoxon nach E. Fromm).

Das nachfolgende Beispiel bezieht sich auf die Teilkompetenz „Akquisitionsstärke.
Alle 64 Beschreibungen sind nachzulesen bei Heyse/Erpenbeck (2007).

Akquisitionsstärke	S/A

Kompetenzbegriff:
Identifikationsmerkmale und Kurzcharakteristika der Kompetenzkombinationen

Geht auf andere Personen aktiv und initiativreich zu; versteht und beeinflusst andere durch intensive und kontinuierliche Kommunikation

Erkennt wichtige Kundenbeziehungen und baut sie aus, sucht die Nähe zum Kunden und stellt sich auf Besonderheiten des Kunden ein

Entwickelt beim Kunden spezifische Lösungsvorschläge und vermittelt das Gefühl der vollen Einbeziehung des Kunden; unterstützt den bestehenden Kundenstamm sowie potenzielle Neukunden durch Beratung und Lösungsvorschläge

Beendet Gespräche mit konkreten Vereinbarungen (weiteres Vorgehen, Termine ...)

Erläuterungen:
Begriffsbestimmungen und Begriffsumfänge der Kompetenzkombinationen

Akquisitionsstärke bezeichnet allgemein die Intensität und Aktivität, mit der Erwerbungs- und Werbungsprozesse in sozialen Zusammenhängen durchgeführt werden.
Dabei kann es sich um den Erwerb neuer Produkte, die Anwerbung von qualifizierten Mitarbeitern (Personalmarketing), um die Erschließung von Kunden (Kundenwerbung) oder von notwendigem Wissen (Wissensakquisition) handeln.
Die Akquisition im und für den Verkauf nimmt dabei eine Schlüsselrolle ein. Sie erfordert, Zielmärkte offensiv anzugehen und ein Gefühl für das Verhältnis von Akquisitionsaufwand und Akquisitionsnutzen zu entwickeln.
Akquisitionsstärke hat in der Dienstleistungsgesellschaft einen immer nachhaltigeren Einfluss auf den Unternehmenserfolg und wird zunehmend Gegenstand der Optimierung durch ein systematisches Prozessmanagement. Ein zunehmend wichtiger Bereich, der die Akquisitionsstärke in das Zentrum eines Berufsbildes stellt, sind z. B. die Call Center mit ihren Call Center Agents.

Kompetenzübertreibungen:
Alle aufgeführten Überziehungen sind – erweiterbare – Beispiele

Wirkt auf andere zu bedrängend, zu sehr ergebnisorientiert...

Ableitung strategischer Teilkompetenzen im Einzelnen

Mit KODE®X kann nun der zweite Schritt unterstützt werden. Nach der Einigung auf die vorrangig zu verfolgenden strategischen Ziele wird das Teamergebnis für alle sichtbar an eine PIN-Wand geheftet, und es erfolgt der nächste Schritt: Ableiten der notwendigen personellen strategischen Kompetenzanforderungen aus den strategischen Zielen heraus: Welche Kompetenzen, die im Unternehmen noch zu wenig ausgeprägt sind oder intensiv verstärkt oder neu gefordert werden müssen, sind notwendig, um die Ziele zu erreichen? Worauf muss in den nächsten Jahren bei der Rekrutierung, bei den Personalgesprächen und Zielvereinbarungen sowie im Rahmen einer differenzierten Personalentwicklung besonders geachtet werden?

Es wird der jeweilige Ausgangspunkt der Organisation („Wo stehen wir in Bezug auf…?") geortet. Die Mitglieder des Top-Teams bewerten nun die 64 Teilkompetenzen des KompetenzAtlas unter dem Gesichtspunkt ihrer jeweiligen Bedeutsamkeit für die Realisierung der strategischen Ziele – unabhängig von konkreten Personen. Diese Bewertung wird zuerst individuell mit einer Checkliste vorgenommen. Die bewertenden Personen arbeiten dabei wieder mit den Definitionen und Beispielen des KompetenzAtlas und sichern somit ein einheitliches Begriffs- und Inhaltsverständnis. Danach werden die Einzelwertungen zusammengetragen und verdichtet. Hierbei ist das Softwareprogramm Competenzia eine gute Hilfe; die TeilnehmerInnen können die Eingabe der Bewertungen und deren Verdichtung über den Beamer verfolgen und gleich in eine Teamdiskussion übergehen.

Es muss nun ein Konsens im Team über die von allen zu vertretenden und offensiv zu fördernden 12-16 Teilkompetenzen erfolgen. Der erste Zugang ist der Vergleich der Mittelwerte und der Streuungen, der zweite ist die inhaltliche Bewertung – immer wieder rückbeziehend auf die strategischen Ziele. So kann es dazu kommen, dass bisher als „weniger bedeutsam" eingeschätzte Teilkompetenzen zu sehr „bedeutsamen" werden und in der Rangreihe nach oben rücken. Die Diskussion ist sehr wichtig, da es sich hierbei um einen normativen Prozess handelt und das Team die Grundlagen für das Human Resources Management herausarbeitet. Ohne es explizit zu sagen, wird an dieser Stelle der Teamarbeit ein zweites Mal über Stärken, Schwächen, Risiken und Chancen nachgedacht – dieses Mal jedoch gebrochen über das Personal.

Erst wenn alle mit den diskutierten und hervorgehobenen Teilkompetenzen einverstanden sind, kann der nächste Teilschritt unternommen werden: die Präzisierung der Teilkompetenzen. Im Rahmen der Moderation ist ein Kuhhandel in der Diskussion ebenso auszuschließen wie machtvolles „Durchboxen" von Einzelmeinungen, oberflächliche Diskussionen und Zerreden.

In der Praxis hat sich die Konzentration auf 12-16 Teilkompetenzen bewährt, zumal diese in den nachfolgenden Arbeitsschritten noch weiter untersetzt werden. Unter 12 Kompetenzen bleibt man zu undifferenziert und zu distanziert gegenüber den strategischen Zielen. Über 16 führt zu einer Zersplitterung und Verdeckung des Wesentlichen.

Bei der Auswahl und Widmung sind verschiedene Varianten möglich:

- Alle 12-16 Anforderungen sind für *alle* Führungskräfte und MitarbeiterInnen gleichermaßen bedeutsam und verbindlich
- 12 Teilkompetenzen gelten für alle Führungskräfte und MitarbeiterInnen und vier *zusätzliche* für die Führungskräfte
- 10 gelten für *alle* Unternehmen einer internationalen Gruppe. Darüber hinaus sind vier länderspezifisch verschieden plus zwei zusätzlich für alle Führungskräfte der internationalen Gruppe.

Über diese in der Praxis bewährten Zuordnungen sind weitere Varianten vorstellbar.

Diese Teilkompetenzen gelten im Sinne von Anforderungen *und* Beurteilungsgrößen für den Zeitraum der strategischen Ziele. Werden letztere erreicht oder präzisiert, muss auf der Ebene der strategischen Kompetenzen ebenfalls geprüft werden, ob die Kompetenzentwicklungsziele erreicht wurden, präzisiert oder korrigiert werden müssen. Bei neuen Zielen muss geprüft werden, welche anderen Kompetenzen nun in den Vordergrund treten müssen – zumal, wenn die bisherigen Kompetenzanforderungen im Allgemeinen erfüllt wurden.

Vergleichbar ähnlich und zugleich unterschiedlich charakterisieren sich zum Beispiel auch verschiedene Unternehmen innerhalb einer Holding oder verschiedene große Bereiche in Großunternehmen.

Präzisierung der Teilkompetenzen

Eine weitere Teamaufgabe besteht nun darin, die Teilkompetenzen zu beschreiben und überprüfbare Verhaltensanforderungen und -normen zu definieren. Als Grundlage dienen die gemeinsam herausgearbeiteten strategischen Ziele, die abgeleiteten (16) strategischen Kompetenzen sowie der KompetenzAtlas. Das Team löst sich in Teilgruppen mit 2-3 Mitgliedern auf, die jetzt eine bestimmte Anzahl von Kompetenzen bearbeitet. So bekäme beispielsweise bei vier Gruppen á zwei Personen jede Gruppe vier Kompetenzen zur weiteren Bearbeitung:

Die Bearbeiter prüfen die jeweils im KompetenzAtlas zugeordneten Identifikationsmerkmale auf ihre Gültigkeit in ihrem Unternehmen und übernehmen diese, wenn sie wesentlich zur Erreichung der strategischen Ziele beitragen oder ändern sie ab oder definieren neue und zieladäquate.

Sie fragen sich zum Beispiel:
- Was heißt Akquisitionsstärke für unser Unternehmen? Was müssen wir im Sinne des (eines bestimmten) bzw. der strategischen Ziele besser machen?
- Welche Forderungen müssen unsere Führungskräfte und MitarbeiterInnen an sich stellen?
- Welche Forderungen müssen unsere Führungskräfte und MitarbeiterInnen an sich stellen?

- An welchen Verhaltensweisen erkennen wir unzureichend ausgebildete Kompetenzen bzw. entsprechende Verstöße gegen die Kompetenzanforderungen?
- Wie lassen sich unsere Unternehmensangehörigen zu entsprechendem Verhalten bewegen?

Die Bearbeiter entwickeln damit Verhaltensnormen und -Anforderungen und – quasi nebenbei – ein den strategischen Zielen entsprechendes Beurteilungssystem. Die Ergebnisse werden im Plenum zusammengetragen, diskutiert, ggf. verändert oder präzisiert und schließlich als gemeinsam erarbeitetes und zu vertretendes Führungsinstrument angenommen. Die inhaltlich untersetzten Kompetenzen gehen als organisationsspezifischer Anforderungskatalog in die weitere Arbeit des Teams ein.

SOLL-Profile

Sobald die (16) Kompetenzanforderungen (Begriffe, Definitionen, Identifikations-/ Beurteilungsmerkmale) im Top-Team entschieden sind und der organisationsspezifische KompetenzAtlas vorliegt, werden nun Anforderungsprofile für die unterscheidbaren Job- und Funktionsgruppen entwickelt. Im Top-Team werden als Maßstab für die nachfolgende Arbeit ein bis zwei SOLL-Profile erarbeitet.

Zuerst ist zu prüfen, ob die Organisation überhaupt mit differenzierbaren Job- und Funktionsgruppen (ggf. auch Jobclustern und Job-families oder anders lautend) arbeitet. In großen Unternehmen gibt es in der Regel (veraltete) Stellenbeschreibungen, „Rollen"differenzierungen, Job-/Tätigkeitsgruppen- und Funktionsgruppen. Die Einordnung ist sehr unterschiedlich, ebenso die Art der Arbeit mit diesen im OE- und PE-Management. In kleineren Unternehmen fehlen nicht selten solche Unterscheidungen, und Organigramme etwa sind eher zufällig oder formale Ergebnisse einer Bankenforderung und Unternehmensberatung. In einer territorial großen Sparkasse mit rund 1.000 Beschäftigten gab es 212 „Stellenbeschreibungen". Auf unsere Frage, wonach die Stellen und Stellenbeschreibungen entstehen, wurde mitgeteilt, dass seit zwei Jahren bei jeder Neueinstellung eine neue Beschreibung „zu Papier gebracht" würde. Nach einer intensiven Diskussion in einem erweiterten Vorstand-Workshop konnten dann 31 unterschiedliche und auch vertretbare Job- und Funktionsgruppen als ausreichend praktikabel verwendbar befunden werden.

In einem Handelsunternehmen mit rund 900 Beschäftigten kamen wir auf 12 solcher Gruppen. In einem weltweit agierenden Unternehmen mit rund 35.000 Beschäftigten konnten im Vertriebsbereich mit rund 2.400 MitarbeiterInnen – auch unter Berücksichtigung nationaler Besonderheiten – 14 Job- und Funktionsgruppen unterschieden werden.

Zum A und O solcher Einteilungen führen insbesondere diese Fragen:
- Welche von anderen deutlich unterscheidbaren Job- und Funktionsgruppen benötigen wir aus Sicht unserer Unternehmensstrategie und insbesondere unserer strategischen Ziele der nächsten 18-24 Monate?
- Welche von anderen deutlich unterscheidbaren Job- und Funktionsgruppen benötigen wir unbedingt in unserer *Wertschöpfung*skette (Berechtigungsnachweis

muss erbracht werden), wie müssen die „weichen Ränder" zu anderen Gruppen aussehen, und was kann zukünftig zusammengezogen oder aufgelöst werden?

- Durch welche Gruppeneinteilung gelangen wir zu einem internationalen Transfer von Führungskräften und Spezialisten? Was ist künftig das Entscheidende: vorrangig oder ausschließlich das Fachwissen, die Sprachkenntnis o.Ä. *oder* das deutliche Vorhandensein strategisch erforderlicher überfachlicher Kompetenzen, gepaart mit solidem Fachwissen und der Bereitschaft, auf den verschiedensten Gebieten dazu zu lernen (letzteres ist selbst wieder eine Teilkompetenz)?

Das Top-(Strategie-)Team differenziert auf der Grundlage der herausgearbeiteten strategischen Ziele zwischen den herkömmlichen und den gegenwärtig und zukünftig erforderlichen Job- und Funktionsgruppen und wählt ein bis zwei der wichtigsten aus und erarbeitet zuerst individuell und sodann im Plenum die entsprechenden SOLL-Profile. Während bislang die strategischen Ziele qualitativ beschrieben (in den zwingend folgenden Ableitungen von Maßnahmen müssen quantitative Aussagen folgen) und auf ihrer Grundlage qualitative Kompetenzanforderungen formuliert wurden, werden nun quantitative Forderungen – bezogen auf die unterschiedlichen Job- und Funktionsgruppen – erhoben. Das Allgemein-qualitative wird nun auf die konkrete Arbeits- und Prozessebene herunter gebrochen.

Für diese Aufgabe werden genutzt:
- die strategischen Ziele und die daran gebundenen wichtigsten Aufgaben für die nächsten 18-24 Monate,
- die (bis zu 16) durch die anschließende Anforderungsanalyse ableiteten Teilkompetenzen,
- die erarbeiteten Identifikations- und Beurteilungsmerkmale innerhalb der (16) Kompetenzen.

Die Mitglieder des Top-Teams erhalten eine 12-stufige Bewertungsskala, auf der sie zu jeder Teilkompetenz einen Kompetenz-Soll-Korridor entwickeln. Die Korridore haben eine Breite von mindestens drei und maximal fünf Skalenpunkten. Der linke Rand des Korridors kennzeichnet die für die jeweilige Job- oder Funktionsgruppe erforderliche Mindestausprägung, der rechte Rand die zulässige Maximalausprägung.

Das Profil wird unabhängig von den vorhandenen MitarbeiterInnen erarbeitet und richtet sich ausschließlich an den strategischen Zielen aus. Nach der Erarbeitung in wiederum kleinen Gruppen oder nach individuellen Vorlagen berät das Top-Team im Plenum die Einzelergebnisse und einigt sich auf ein verbindliches Anforderungsprofil. Nach diesem Muster können nach dem Top-Team-Workshop alle weiteren Anforderungsprofile durch den Personalbereich mit oder ohne externe Unterstützung entwickelt werden.

Mit diesem Ergebnis hat das Top-Team mit KODE®X innerhalb nur eines Tages ein ganzheitliches Organisations-/Personalentwicklungs-Konzept erarbeitet und instrumentell unterlegt. Es liegen folgende Ergebnisse vor:

- Strategische Ziele
- daraus abgeleitete strategische Kompetenzanforderungen,
- diese untersetzende Anforderungs- und Beurteilungsbögen
- KompetenzSoll-Profil(e) für konkrete SOLL:IST-Vergleiche.

Das Softwareprogramm **Competenzia** stellt auf diesem Bearbeitungsniveau auch ein Beurteilungshandbuch ausdrucksreif zur Verfügung, in dem nicht nur die erarbeiteten Kompetenzanforderungen, Beurteilungsmerkmale und Einschätzungsbögen zusammengefasst sind, sondern die wichtigsten Hinweise zur Vorbereitung und Durchführung von Beurteilungen, zur Auswertung mit den MitarbeiterInnen und zu empfehlenswerten nachfolgenden Schritten.

Auf dieser Grundlage können nun für alle wichtigen Job- und Funktionsgruppen Soll-Profile erarbeitet werden. Aus den Soll-Ist-Vergleichen (zum Beispiel Vergleich von Fremd- und/oder Selbsteinschätzungen mit den Soll-Profilen) können einerseits wichtige Erkenntnisse – bezogen auf die Verteilung von High Potentials und Talenten – gewonnen und konkrete Maßnahmen zur Kompetenzentwicklung dieser sowie weiterer Mitarbeitergruppen abgeleitet werden. Werden Vergleiche zwischen der Ist-Einschätzung einer Person und verschiedenen Soll-Profilen vorgenommen, dann werden nicht selten erstaunliche Personalentwicklungs-Einsichten möglich: Jemand genügt zwar bzgl. der fachlichen Qualifikation formal den Anforderungen an eine Job- oder Funktionsgruppe, nicht ausreichend jedoch hinsichtlich der strategischen überfachlichen Kompetenzen. Dafür wäre die Person bei 2-3 anderen Vergleichsgruppen insgesamt gut bis sehr gut geeignet. Nun wird die wirkliche Einsatz- und Entwicklungsbreite ersichtlich. Manch ein bislang verstecktes Talent wurde hierdurch schon gefunden und beidseitig nutzbringend im Unternehmen eingesetzt.

In der Praxis gibt es übrigens drei unterschiedliche Ansätze bei der Entwicklung von Kompetenzprofilen:
- den forschungsbasierten Ansatz (*research-based competency approach*), z. B. mittels kompetenzbiografischer und vergleichender Untersuchungen;
- den strategiebasierten (*strategy-basedcompetency approach*), z. B. über konsequente Ableitungen aus der Unternehmensstrategie und Konzentration auf besonders wichtige Zielgruppen;
- den (kultur-)wertbasierten Ansatz (*value-based competency approach*), z. B. über Visions- und Missionsdiskussionen…

Mit KODE®X ist in beispielhafter Weise eine Kombinationslösung, ein *hybrid approach*, gelungen. Das Verfahren ermöglicht es, auf verblüffend einfache Art und Weise alle wichtigen Seiten der Kompetenzermittlung sowie der Erarbeitung von Kompetenzprofilen zu beherrschen.

Unter Schritt 7 zeigen wir Profil- und Vergleichsbeispiele.

Schritt 3 ist die Talentidentifizierung und -gewinnung

Wichtige Aufgaben sind in diesem Bereich:
a) Präzisierung und öffentliche Vertretung der Arbeitgeber-Markenstrategie (Employer Branding)
b) Identifizierung und erste Bindung (Talent Relationship Management)
c) Binden der Talente und Begeistern (Retention Management).

Zu a: Stellen Sie sich unverblümt die Fragen:
- Warum, aus welchem Grund will eine Person mit sehr hohem Kompetenzpotenzial ausgerechnet in unser Unternehmen kommen? Welche Stärken ziehen sie an?
- Von wem, wodurch wird ein hervorragendes Talent auf uns aufmerksam? Durch wen oder was werden wir interessant?
- Was an Einzigartigem erhält diese Person dann von uns, wenn wir uns für sie entscheiden? Welches Besondere bindet dann die Person an unser Unternehmen?
- Was müssen wir bei uns ändern oder neu machen, um die Person dauerhaft an uns zu binden?

Es muss eine Win-Win-Situation entstehen, beide Seiten müssen von ihrem Gewinn überzeugt sein und die Vorteile gegenüber Dritten leben.

Im Rahmen der Überlegungen zum Employer Branding gilt es, folgendes kritisch zu prüfen:
- Stärken des Unternehmens aus der Sicht der Führungskräfte und aus der Sicht der Mitarbeiter.
- Unternehmensruf, Unternehmensgeschichte, Produktmarken
- Stellung und Chancen im Wettbewerb und im Arbeitsmarkt
- Gewünschtes und aktuelles Arbeitgeberimage
- Erkennbarer Umgang mit Talenten.

Die Zielgruppen, in denen Talente gesucht werden können, sind im Wesentlichen:
- Bewerber aus dem Recruiting-Prozess
- Bewerber über die Homepage
- Kontakte aus der Zusammenarbeit mit Hochschulen
- Kontakte aus der Zusammenarbeit in überbetrieblichen Arbeitskreisen
- Exzellente Fachleute in anderen Unternehmen
- Messekontakte
- Ehemalige Mitarbeiter
- Ehemalige Praktikanten
- Ehemalige betreute Studenten im Rahmen ihrer Abschlussarbeiten (einschließlich Promotion).

Zu b: Im Rahmen des Talent Relationship Managements dominieren einerseits Fragen nach den strategiebasiert bevorzugten Zielgruppen und den unternehmensinternen Maßstäben für die Identifizierung der entsprechender Kandidaten. Andererseits müssen Maßnahmen zur internen und externen Gewinnung von Talenten ergriffen und angepasst werden. Diese reichen von Stellenausschreibungen, Bewerbermessen, Suche in Stellenbörsen über Suche in Talent Pools und Executive Serac, Mitarbeiterempfehlungen bis zu Campus Rekrutin, externen Projektvergaben, Wettbewerben, Praktikumsprogrammen, wissenschaftlichen Arbeiten bis zum Talent Shooting international.

Eine wichtige Rolle spielen hierbei sowohl die Linienmanager als auch die Talente selbst; letztere insbesondere bei der Zusammenarbeit mit Hochschulen.

Auch die möglichen Maßnahmen des Talent Relationship Management sind vielfältig und schließen in mehr allgemeiner Form Newsletter des Unternehmens, Websites (einschließlich Stellenangebote), kleine Geschenke, Ausstellungen, Veröffentlichungen, Firmenzeitschrift ein oder konzentrieren sich auf aktive kommunikative und kooperative Formen: Praktikums- und Arbeitsangebote, Diplomarbeitsservice, Einladung zu Workshops und Fachtagungen sowie Messen, Einladung zu Events, Gespräche mit Vorständen, Lehrbeauftragungen, enge Kommunikation mit Führungskräften und Spezialisten, Beratungsprojekte u. a. ein.

Um sicher zu gehen, dass die Einführung eines TM keine einmalige Aktion ist und wirklich von den verschiedenen Säulen mitgetragen wird, sollte zu Beginn der Implementierung sowie einmal jährlich die TM-Leistungsfähigkeit des Unternehmens gemessen und in Bezug auf notwendige verstärkende Maßnahmen ausgewertet werden. Dazu können beispielsweise die nachfolgend dargestellten Instrumente eingesetzt werden.

Instrumente zur Talentmanagement-Analyse

Ein **gelebtes** Talentmanagement schließt zwei wesentliche Voraussetzungen ein: *Einerseits* die Überzeugtheit des Top-Managements von der Notwendigkeit eines betrieblichen T-Managements und die Annahme dieser Herausforderung als eine nicht delegierbare Führungsaufgabe. *Andererseits* müssen eine Reihe von Talentmanagement-Leistungen realisiert, kritisch hinterfragt und begleitet werden, die sich deutlich von der Masse anderer Unternehmen der Branche unterscheiden. Beide Seiten können zum wirkungsvollen Immitationschutz des Unternehmens gehören.

Für die erste Grundlage gelten in Anlehnung und Erweiterung von Ready/Conger 2007 und Stiefel 2007 mehrere Vitalitäts-Aspekte:
- *Ernsthaftigkeit* / mentale Überzeugtheit von der Wichtigkeit eines gelebten Talentmanagements
- *Persönlicher Einsatz* / Engagement für das betriebliche Talentmanagement
- *Verantwortungsbewusstsein* / Wahrnehmung der Eigenverantwortung und Handlungskonsequenz für die erfolgreiche Umsetzung des Talentmanagements
- *Ganzheitliche Talent-Sicht*; Differenzierung nach fachlichen und überfachlichen Kompetenzen und Einsatzmöglichkeiten.

Um den „Grad der Vitalität im Talentmanagement" eines Unternehmens zu bestimmen, ist es sinnvoll, **vier** für das Talentmanagement besonders wichtige ***Personengruppen*** zu befragen und die Ergebnisse gegeneinander zu stellen:

- Top-Team im Unternehmen (Vorstand bzw. Geschäftsleitung)
- Linienmanager (bzw. die Linienmanager mit besonders breiter Personalverantwortung)
- Human Resources Mitarbeiter sowie
- die Talente (Mitarbeiter, Spezialisten, Führungskräfte) selbst.

Um *beide Voraussetzungen* einzufangen bieten sich zwei Methoden an:

1. Ermittlung des Grades der Vitalität im Management

Beantworten Sie jede der vor Ihnen liegenden Fragen mit einer ehrlichen Schätzung des Prozentgrades ihrer Realisierung: 0 bis 100%.

- **Ernsthaftigkeit / mentale Überzeugtheit**:
  - Haben Sie gegenüber Dritten unmissverständlich Ihre Überzeugung und Ihre Glaubwürdigkeit vertreten, Talente in Ihrem Unternehmen mit aller Konsequenz zu entwickeln?
    Kreuzen Sie kritisch die Prozentzahl an, die Ihr Verhalten am nächsten charakterisiert:

    100% 90 80 70 60 50 40 30 20 10%

- **Persönlicher Einsatz / Engagement**:
  - Wie engagiert sehen Sie andere aus Ihrer Umgebung bei Ihrem Einsatz für ein erfolgreiches T-Management in Ihrem Unternehmen?
    Kreuzen Sie kritisch die Prozentzahl an, die Ihr Verhalten am nächsten charakterisiert:

    100% 90 80 70 60 50 40 30 20 10%

- **Eigenverantwortung**:
  - Wie verantwortlich fühlen Sie sich persönlich für das Erkennen und für die Entwicklung von Talenten auch außerhalb Ihres persönlichen Aufgabenbereiches?
    Kreuzen Sie kritisch die Prozentzahl an, die Ihr Verhalten am nächsten charakterisiert:

    100% 90 80 70 60 50 40 30 20 10%

- **Ganzheitliche Talent-Sicht**:
  - Inwieweit werden in Ihrem Unternehmen die Talente nicht nur nach fachlichen, (Fachwissen, Qualifikation), sondern auch ernsthaft nach überfachlichen Aspekten identifiziert und entwickelt?
    Kreuzen Sie kritisch die Prozentzahl an, die Ihr Verhalten am nächsten charakterisiert:

    100% 90 80 70 60 50 40 30 20 10%

Die individuellen Prozentwerte können nun in jeder der vier Gruppen zusammen-
gezählt, gemittelt und in folgende Übersicht übernommen werden. So es Sinn macht,
können auch die Einzelmeinungen zusammen mit den Mittelwerten eingetragen und
somit auch die Streuungen der Einzelmeinungen sichtbar gemacht werden.

Abb. 8:   Vitalität im Management

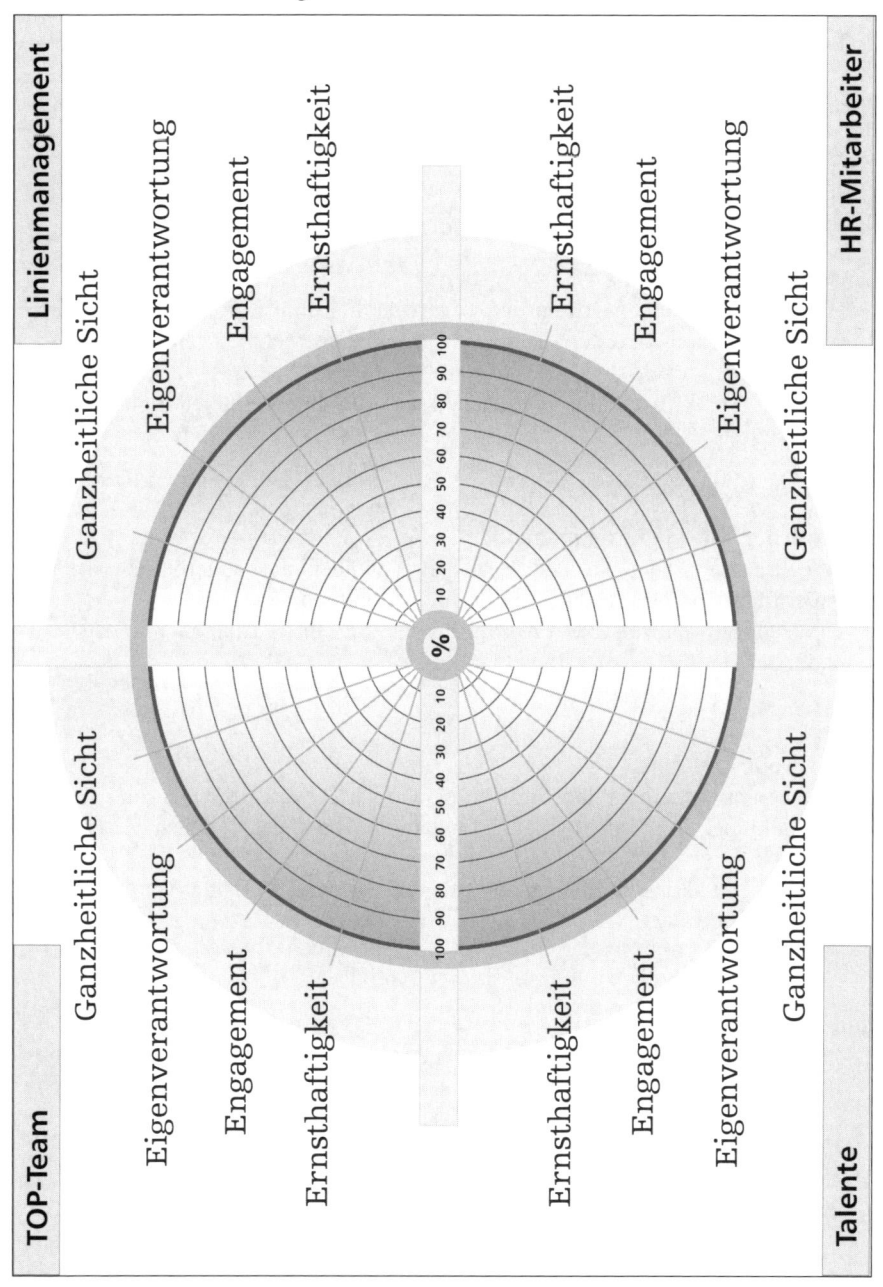

2. Bewertung der Talentmanagement-Leistungsfähigkeit des Unternehmens

Zur Einschätzung der gegenwärtigen Talentmanagement-Leistungsfähigkeit des Unternehmens werden 9 Aspekte dargestellt:

1. **Strategie:** Klarheit der Strategie des Unternehmens und Eingebundenheit des Talentmanagements in die Strategie
2. **Kompetenzen:** Abgeleitete Kompetenzen, die zur Zielerreichung notwendig sind (Nicht nur fachlich-methodische Kompetenzen!)
3. **Anforderungsprofile:** Kompetenzanforderungs-Differenzierung nach unterschiedlichen strategisch wichtigen Funktions- und Anforderungsgruppen
4. **T-Identifizierung:** Einsatz unternehmensinterner Instrumente zur Talent-Identifizierung für den Einsatz in den unterschiedlichen Unternehmensbereichen, Regionen und ggf. im Ausland.
5. Talent-Entwicklung/Kontrolle: Instrumente zur differenzierten T-Entwicklung und Entwicklungskontrolle
6. **Entwicklungspläne:** Personenbezogene Entwicklungsdateien und -pläne
7. **Einsatzszenarien:** Talent-Einsatzszenarien für verschiedene Fälle bei gleichzeitiger Absicherung der Funktionsfähigkeit der bisherigen Einsatzbereiche der Talente. Solche Fälle können sein:
   …Unternehmenserweiterung, Fusion…
   …Restrukturierung, Personalsanierung
   …Krankenvertretung
   …Vakante Positionen durch Fluktuation, Tod u.a.
8. **Talent-Pool 1:** Aufbau und Pflege eines Pools für Talente, die bereit und fähig sind für den Einsatz bei neuen geschäftlichen Chancen, beim Aufbau neuer Unternehmensbereichen *intern*/extern: Talente mit besonderen fachlichen Aufgaben bzw. mit besonderen Projektmanagement-Aufgaben bzw. mit anspruchsvollen Führungsaufgaben (sogen. „erweiterter Goldfischteich")
9. **Talent-Pool 2:** Aufbau und Pflege eines Sonderpools von Top-Performer für Aufgaben der oberen Führungsebene im und für das Unternehmen; differenzierte Förderung (Goldfischteich im engeren Sinne).

Die Einschätzung der Talentmanagement-Leistungsfähigkeit basiert auf den dargestellten 9 Aspekten mit jeweils zwei Bewertungen:
a) und b). Die Bewertungen zur Frage a) gehen von folgenden 6 möglichen Einschätzungen aus:

1: Ja, schon seit mehr als zwei Jahren
2: Ja, seit kurzem (weniger als zwei Jahre)
3: Nein, wir haben aber damit begonnen

4: Nein, wir haben dies aber vor
5: Nein, das haben wir bisher nicht beachtet und haben dies auch zukünftig nicht vorgesehen
6: Nein, wir sind davon wieder abgekommen.

Die Bewertungen zur Frage b) gehen von anderen 6 möglichen Einschätzungen aus:

1: Ja, sehr gut   4: Unterdurchschnittlich
2: Gut   5: Unzureichend
3: Durchschnittlich   6: Überhaupt nicht.

---

1.   Strategie:
a)   Gibt es klare unternehmensstrategische Ziele für die nächsten
      zwei Jahre (und ggf. darüber hinaus)?   a) ☐
b)   Sind Ihnen die strategischen Ziele bekannt?   b) ☐

2.   Kompetenzen:
a)   Werden auf der Grundlage der unternehmensstrategischen Ziele
      die Kompetenzen bestimmt, die Voraussetzungen zum Erreichen
      dieser Ziele sind? Gehen diese Kompetenzen über das rein
      Fachliche hinaus?   a) ☐
b)   Sind die Kompetenzanforderungen bekannt und praktisch
      handhabbar?   b) ☐

3.   Anforderungsprofile:
a)   Sind die Maßstäbe für die einzelnen Job- und Funktionsgruppen
      im Unternehmen bekannt und in quantitativ vergleichbare
      Anforderungsprofile übertragen?   a) ☐
b)   Sind die Anforderungsprofile bekannt? Werden sie in
      Leistungsgesprächen und Leistungsvereinbarungen eingesetzt?   b) ☐

4.   T-Erkennen:
a)   Gibt es unternehmensinterne Methoden und Instrumente zum
      Erkennen und Herausfinden von internen Talents für den Einsatz
      in unterschiedlichen Positionen des Unternehmens?   a) ☐
b)   Sind diese Methoden und Instrumente mit allen Verantwortlichen
      und Beteiligten der Talentsuche abgestimmt und diesen bekannt?   b) ☐

5.   T-Entwicklung und Entwicklungskontrolle:
a)   Gibt es unterschiedliche und personenspezifisch abgestimmte
      Entwicklungsmöglichkeiten bzw. Entwicklungsmaßnahmen für
      Talente im Unternehmen? Werden Entwicklungsempfehlungen
      und -Maßnahmen nach einer entsprechenden Zeit auf ihren
      Erfolg hin geprüft?   a) ☐
b)   Sind Informationen über die Entwicklungsmöglichkeiten und
      über Entwicklungsverlaufskontrollen zugänglich?   b) ☐

6. Entwicklungsplanung:

a) Gibt es im Unternehmen personenbezogene Entwicklungspläne
und -dateien für Talents? Werden diese gepflegt? a) ☐

b) Haben Sie solche Entwicklungspläne und -Dateien selbst schon
einmal gesehen? Sind sie aussagekräftig für die Entwicklung? b) ☐

7. Einsatzszenarien:

a) Gibt es unterschiedliche Einsatzszenarien für Talents: personenspezifisch und situationsabhängig? Bestehen Vorstellungen darüber,
was mit den Talents geschehen soll, wenn Unternehmens-
erweiterungen oder aber auch Personalkürzungen ins Haus stehen?
Können die Talents schnell eingesetzt werden, ohne dass ihre
gegenwärtigen Aufgaben gefährdet sind? a) ☐

b) Haben Sie an T-Einsatzszenarien mitgearbeitet? b) ☐

8. T-Pool 1:

a) Gibt es ausreichende Pools von Talents auf verschiedenen Gebieten,
die bereit sind, innerhalb des Unternehmens auch andere Aufgaben
zu übernehmen: fachliche Aufgaben bzw. Projektmanagement-
Aufgaben bzw. anspruchsvolle Führungsaufgaben? a) ☐

b) Werden diese Pools öffentlich benannt und sind sie Ihnen bekannt? b) ☐

9. T-Pool 2:

a) Gibt es im Unternehmen ausreichende (Sonder-)Pools von
Top-Performern, die Aufgaben auf der oberen Führungsebene
im und für das Unternehmen übernehmen sollen? a) ☐

b) Kennen die Talents die Einsatzabsichten, und wird
mit ihnen gearbeitet? b) ☐

Jetzt können die Mittelwerte jeder der vier „Experten"-Gruppen in eine Matrix eingetragen und untereinander verglichen werden. Es ist aber auch möglich, alle vier
Gruppen mit unterschiedlichen Kennzeichnungen in einer Matrix darzustellen.

Abb. 9: Talentmanagement-Leistungsfähigkeit im Unternehmen

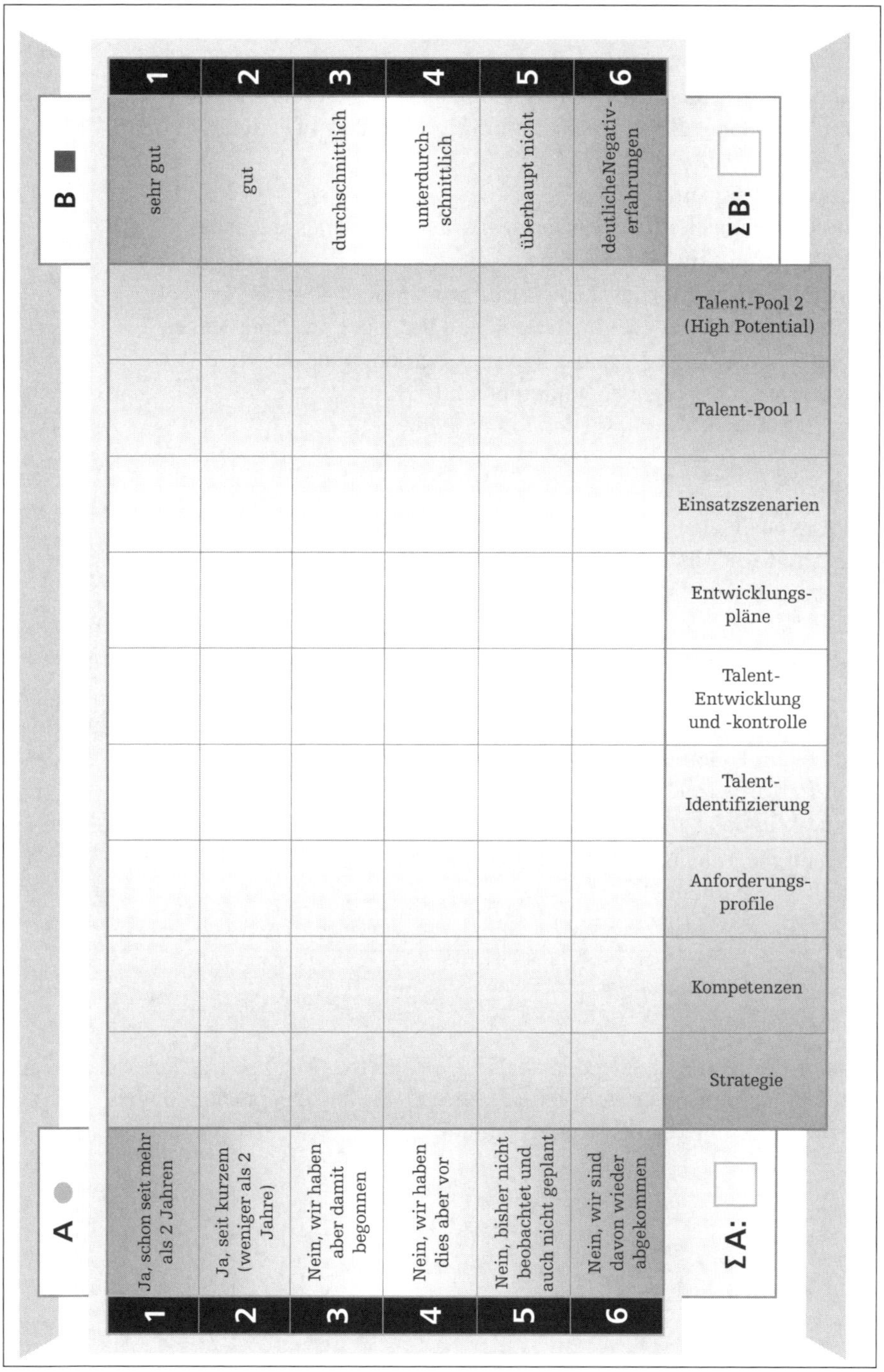

B

	1 sehr gut	2 gut	3 durchschnittlich	4 unterdurchschnittlich	5 überhaupt nicht	6 deutliche Negativerfahrungen	
							Talent-Pool 2 (High Potential)
							Talent-Pool 1
							Einsatzszenarien
							Entwicklungspläne
							Talent-Entwicklung und -kontrolle
							Talent-Identifizierung
							Anforderungsprofile
							Kompetenzen
							Strategie

ΣB:

A

1 Ja, schon seit mehr als 2 Jahren	2 Ja, seit kurzem (weniger als 2 Jahre)	3 Nein, wir haben aber damit begonnen	4 Nein, wir haben dies aber vor	5 Nein, bisher nicht beobachtet und auch nicht geplant	6 Nein, wir sind davon wieder abgekommen

ΣA:

Abb. 10: Talentmanagement-Leistungsfähigkeit im Unternehmen (Beispiel)

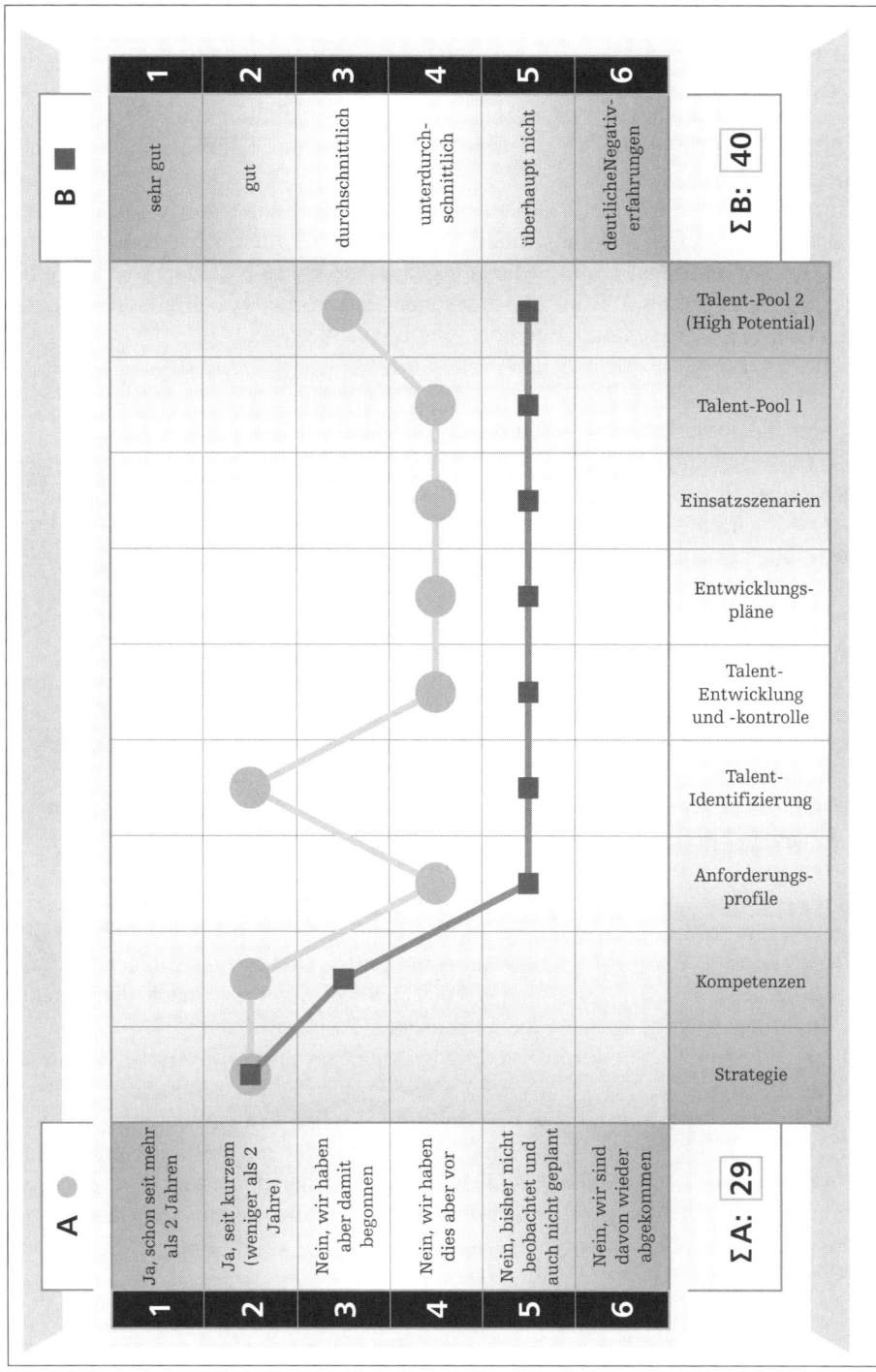

Schritt 4 ist die **Talent-Erprobung und Verifizierung der Einsatzentscheidung**

Dazu ist es notwendig, dass das Unternehmen ein klar definiertes Bild davon hat, welche Aufgaben die jeweiligen Talente auf welchem (messbaren) Leistungsniveau bearbeiten sollen. Gleichzeitig müssen der Handlungsspielraum und die dafür notwendigen Arbeitsbedingungen klar definiert und seitens der Führungskräfte vertrauensvoll realisiert werden.

In festgelegten Zeiträumen müssen der erreichte Stand sowie die Arbeitsbedingungen ausgewertet werden. Dabei ist auch festzustellen, ob das Kompetenzpotenzial sich voll entfalten konnte oder in irgendeiner Weise blockiert wurde. Ferner ist beidseitig festzustellen, ob die entsprechende Person gegebenenfalls bei anderen Aufgaben oder in anderen Funktionen noch wirkungsvoller sein kann.

Prüfung der individuellen Entwicklungsbereitschaft

Auf einen in der Praxis eher ausgeblendeten Aspekt soll an dieser Stelle hingewiesen werden: Die Suche nach Talenten und deren Bindung ist die eine Seite. Der Akteur muss aber auch einen Wechsel und einen anspruchsvollen Entwicklungsprozess *wollen*!

Einerseits finden wir in Unternehmen durchaus ausgeklügelte Potenzialeinschätzungssysteme vor; die Betroffenen erhalten jedoch nur unzureichende Rückmeldungen über ihre Ergebnisse und die Schlussfolgerungen für das Unternehmen. Nicht selten existieren Listen mit Talenten, insbesondere in den Gruppen Führungsnachwuchs- und Reserve-Kräfte, nur die Betroffenen wissen nichts von ihrer Hervorhebung und bekommen keinerlei Konsequenzen mit. Ferner wird nach wie vor kurzsichtig geschlossen, wer ein hervorragender Fachmann sei, müsse auch führen können, und es fehlen Führungskräfte-adäquate Entwicklungswege und Anerkennungen für Spezialisten.

Auch werden die Förderungskandidaten in der Regel nicht ernsthaft nach ihren wirklichen Bedürfnissen und ggf. ihren anderen Entwicklungsvorstellungen gefragt. Schließlich geht es bei den betreffenden Personen um die Frage nach den eigenen Lebenszielen, den Erwartungen an die Lebensqualität, um die „Kosten", die mit der Übernahme von mehr Verantwortung verbunden sind (psychisch-physische Belastung, Freizeitschmälerung, …).

Ideal wäre eine frühzeitige Erfassung der individuellen Entwicklungserwartungen und der offenen Fragen bzw. Vorbehalte, auf denen weitere Fördergespräche und -Maßnahmen aufbauen und die schließlich zu einer höheren Sicherheit und Eigenmotivation des Betreffenden führt – oder aber zu einer realistischen Herausnahme von Personen aus bestimmten Talentpools zugunsten anderer (zum Beispiel fachlicher) Weiterentwicklungen.

Hilfreich können in diesem Zusammenhang Fragen für eine Selbsteinschätzung in Vorbereitung von Entwicklungsgesprächen sein, wie sie Tharenou (2001, nach Stiefel, 2002) angeregt hat.

Wie zutreffend sind folgende Feststellungen für Sie?
(1: Trifft für mich völlig zu; 5: Trifft für mich überhaupt nicht zu)

1. Ich habe sehr große Wünsche und Bedürfnisse nach einem beruflichen Vorankommen und professioneller Anerkennung ☐

2. Ich möchte keine Position mit mehr Verantwortung übernehmen ☐

3. Ich möchte gern in einer Position sein, in der ich einen größeren Einfluss in meiner Abteilung oder im Unternehmen ausüben kann ☐

4. Es würde mir nichts ausmachen, wenn ich mich auch zukünftig mit ähnlichen Aufgaben wie bisher befassen müsste ☐

5. Meine beruflichen Vorstellungen und Pläne schließen eine höhere Position innerhalb des Managements ein ☐

6. Wenn ich eine Position mit einer höheren Verantwortung bekäme, würde ich es auch nicht bereuen, wenn ich dadurch mein ursprüngliches Tätigkeitsfeld verlassen müsste ☐

7. Eine höhere (Management-) Position führt zu mehr Belastungen und Sorgen und ist deshalb für mich nicht anzustreben ☐

8. Es wäre schön, wenn ich noch mehr Einfluss auf die Gestaltung meines Aufgabengebietes, auf die strategische Entwicklung und Aufgabenkoordinierung hätte ☐

9. Ich habe keinen Ehrgeiz, in eine Führungsposition zu gelangen (als gegenwärtige Nicht-Führungskraft) oder eine höhere Führungsposition zu übernehmen (als gegenwärtige Führungskraft) ☐

10. Ich möchte in ein paar Jahren eine höhere Führungsposition innehaben ☐

Schritt 5 bezieht ein aktives **Retention Management** (**RT**) ein, also intensive Bemühungen zum **Talenterhalt**, beginnend mit der Ausarbeitung von Talent-Retentionprogrammen. Gerade der langfristige Erhalt von Talenten impliziert Imagegewinn, Kostenersparnis und ein starkes internes Wertesystem mit hoher Identifikation der Leistungsspitzen mit dem Unternehmen.

Das Retention Management für Talente beginnt schon beim Rekrutieren. Die Schlüsselpositionen und Aufgaben für Talente müssen klar umrissen und später bewertbar sein; es müssen kompetenzbasierte Selektionskriterien und entsprechende wissenschaftlich abgesicherte Selektionsinstrumente vorliegen. Ebenso müssen Strategien und Programme zur effizienten Arbeit mit Talenten vorliegen. Unternehmen, in denen die Personalentwicklungs-Ausrichtung mehr auf Talente ausgerichtet sind als auf formale Statusmerkmale, Besitztümer und Alter, sind in der Regel im Wettbewerb erfolgreicher und ziehen mehr Talente an. Und im Rahmen der Rekrutierung müssen die Talente überzeugend spüren, dass es sich wahrlich lohnt, in gerade diesem Unternehmen zu arbeiten.

Schon in diesem Stadium beginnt also das Retention Management. Herz und Verstand von talentierten Personen können nicht durch oberflächliche Zusagen, schwammige Aussagen oder leicht zu brechende Zusagen gewonnen werden. Gerade hochtalentierte Personen spüren Widersprüche und setzen auf Glaubwürdigkeit, Moral, Wertschätzung und Entscheidungsbereitschaft als wichtigste Faktoren der Führung.

Da der Begriff **Retention Management** in Deutschland relativ neu und vielen unbekannt ist, sollen einige Informationen und Überlegungen zur Diskussion gestellt werden.

RT meint „Personalerhaltung". Im Rahmen des Talentmanagements stellt sich die Frage, welche Bedingungen erforderlich sind, um einmal festgestellte bzw. eingestellte Talente zu fördern und freizusetzen, also die Talente zu stärken und nicht zu verschleißen, sie so lang wie möglich in ihrer produktiven Wirkung für das Unternehmen zu *erhalten*. Zugleich sollte alles daran gesetzt werden, damit sich die Talente mit dem Unternehmen identifizieren und sich für dieses einsetzen. Damit ist eine Bindung über Verstand (und Herz) gemeint. Allerdings wird RM nicht selten kurzsichtig auf die formale *Bindung* (als Gegensatz zur Fluktuation) reduziert, und es überwiegen dann solche Aspekte wie Incentives, Status, Gehalt. Was nutzen dem Unternehmen jedoch Talente, die mit einer „inneren Kündigung" herumlaufen und ihre eigentliche Kreativität und Produktivität in den Freizeitbereich legen.

Mit der Gleichsetzung von Retention Management mit „Bindung" wird gedanklich auch etwas Negatives verbunden: Talent- oder Personalbindung stehen im Widerspruch zum Anspruch, mit Menschen zusammen arbeiten zu wollen, die sich mit freiem Willen gar nicht binden lassen wollen.

Retention Management meint also, dass für Talente organisationale und Arbeits-Bedingungen, Führungseinflüsse und Anreize geschaffen werden müssen, die dazu beitragen, dass sich Talente langfristig und ungebremst für das Unternehmen engagieren.

So gesehen können Retention Management und Talenterhaltung in gewisser Hinsicht auch als Synonyme verwendet werden.

Im Rahmen des Retention Management gibt es eine Vielzahl von Mitteln und Instrumenten zu Stärkung des Wohlbefindens in der Arbeit, der Stärkung der Motivation – beginnend bei der Kommunikation und Kooperationskultur im Unternehmen, weiterführend über die Einbeziehung und Wertschätzung durch die direkten Führungskräfte, verstärkt durch Anreizgestaltung, Nutzung ansprechender und sinnvoller Arbeitszeitmodelle bis hin zu attraktiven Fach- oder Führungskarrieren und unterstützten Möglichkeiten der Freizeitnutzung – sei es im Ehrenamt, im Hobby oder im Sport.

Jedes Unternehmen hat ein spezifisches Anreizsystem als künstliches System zur Verhaltensbeeinflussung der Mitarbeiter im Sinne einer bestmöglichen unternehmerischen Zielerreichung. Anreizsysteme sind somit Sozialtechnologien zur Verhaltenseinwirkung. Dabei stehen drei Zielbereiche im Vordergrund: Personalmotivation, Personalattraktion und Personalretention.

Die folgende Übersicht zeigt die Vielzahl möglicher Mittel und Instrumente im Bereich der Anreize; in international agierenden Unternehmen kommen weitere hinzu. Natürlich können nicht alle diese Anreize zur Anwendung kommen; dazu ist die spezifische Situation eines Unternehmens zu berücksichtigen (Geschichte, Anreiz-Tradition, wirtschaftliche Situation u.v.a.m.). Andererseits begegnen wir nicht wenigen Unternehmen, insbesondere im KMU-Sektor, die nur wenige Anreize bewusst nutzen und anscheinend wenig von den Möglichkeiten wissen, geschweige denn, „Menüs" für verschiedene Zielgruppen – und hier insbesondere für die Talente – zusammenstellen.

Übersicht über potenzielle Anreize

Absolute und relative Gehaltshöhe	Handwerksleistungen
Abschlussgratifikationen	Hausarbeit (Flexible Arbeitsgestaltung)
Abschlussprämien	Hausstandszulage
Aktienoptionspläne	Hilfe und Zuschüsse bei der Wohnungs-
Altersentgelt/-lohn	beschaffung
Anerkennung (Personendarstellungen,	Hobbyräume
Geschenke…)	Invalidenrente
Anpassung der Arbeitsbedingungen an die	Jahresabschlussprämie
Erfordernisse von Mitarbeitern	Job Enlargement
Arbeitgeberbeiträge	Job Enrichment
Arbeitgeberdarlehen	Job-Ticket
Arbeitsinhalt, Arbeitsgestaltung	Jubiläumszuwendung
Arbeitskleidung	Jugendfahrt
Arbeitsplatzgestaltung	Kaffeeküche
Arbeitsplatzsicherheit	Kantine, Verpflegungszuschüsse
Arbeitszeitregelungen, Zeitsouveränität	Karrieresysteme (Fach-, Führungskarrieren)
Attraktivität des Unternehmens in der	Kindergeld
Öffentlichkeit	Kommunikation: formale, informelle
Aufstiegsmöglichkeiten	Kulturelle Förderung
Aufgaben-/Auftragsgestaltung, Entfaltungs-	Kulturvolle Ausgestaltung des Arbeitsraumes
möglichkeiten	Kündigungsfristen
Ausbildung	Kündigungsschutz
Ausbildungshilfen	Kunstausstellungen (fremde bzw. aus den
Auslandseinsätze	eigenen Reihen)
Autonomie	Kurzpausen
Baudarlehen	Kontinuierlicher Verbesserungsprozess
Baukostenzuschuss	(KVP)
Beihilfen und Zuschüsse	Leistungslohn
Belegschaftsaktien	Medienkosten-Beteiligung
Belegschaftsvereine	Mentoring
Belegschaftsverkauf	Mietbeihilfe
Beratung von Betriebsangehörigen	Musik bei der Arbeit
Berufsunterbrechungsmodelle	Naturallöhne
Besondere Angebote für ausländische	Notstandsbeihilfen
Arbeitnehmer (Sprachkurse…)	Parkplatz
Besondere Arbeitsplätze für Leistungs-	Partizipation bei der Planung
geminderte (Behinderte)	Pausen
Betriebliche Altersversorgung	Pension, Pensionszusage
Betriebliche Sozialfonds	Pensionskasse
Betriebliche Weiterbildungsangebote /	Provision
Personalentwicklung	Referenzen
Betriebsärztlicher Dienst	Ruhegeld
Betriebskindergarten	

Betriebsklima
Betriebskrankenkasse
Betriebsreisen, -ausflüge, -feste
Betriebssport
Betriebswohnung
Bonus- oder Prämienzahlung
Buchgemeinschaft
Bücherei
Cafeteria System
Clubmitgliedschaften
Coaching
Deferred Compensation
Deputate
Dienstwagen
Direktversicherung
Dolmetscher
Dusch- und Umkleideräume
Eheschließungsbeihilfen
Einkaufsmöglichkeiten
Erfindungsvergütung
Erfolgsbeteiligung
Erfolgsprovision
Erholungsheime
Ertragsbeteiligung
Essengeld
Fahrgeldzuschuss, Fahrkostenerstattung
Fahrt- und Reisebequemlichkeit (Klasse…)
Familienführsorge
Feedback im Arbeitsprozess
Firmenaktie
Firmenbürgschaft
Firmenimage
Firmenjubiläum
Firmenzeitung
Folgeaufträge, Entwicklungsmöglichkeiten
im Problemlöseprozess
Fortbildung
Freier Mitarbeiter
Freizeitclubs
Führungssystem, Führungsverhalten vor Ort
Fürsorger(in)
Geburtsbeihilfen
Geburtstagsfeier
Gehaltserhöhung
Gehaltsfortzahlung bei Krankheit/Tod
Gesundheitsvorsorge
Gewinnbeteiligung
Gratifikation
Gremientätigkeit
Größe und Struktur der Organisation

Reisegepäckversicherung
Sabbatical
Sachgeschenk
Schuldnerberatung
Schutzkleidung
Schwangerschaftshilfen
Sonderurlaubsregelungen
Sonderzahlungen, diverse
Sozialbetreuung
Soziale Veranstaltungen
Sozialhilfen
Sozialplan
Sozialräume
Sport
Sprachkurse
Standort
Sterbegeld
Stipendium
Suchtkrankenhilfe
Studienförderung
Talentförderung
Tantieme
Trennungsentschädigung
Treueprämie
Umzugskosten
Unfallrente
Unfallschutz
Unfallversicherung
Urlaub
Urlaubsgeld
Verantwortung
Verbilligter, betriebsinterner Warenverkauf
Verleihung von Privilegien
Verpflegung
Vorbereitung auf den Ruhestand
Waisenrente
Weihnachtsgeld
Weihnachtsfeier
Weiterbildungseinrichtung(en)
Weiterbildungshilfen
Wertschätzung durch die Unternehmens-
führung
Wohngeldzuschuss
Zinszuschüsse

Die nachfolgende verkürzte Anreiz-Übersicht von Lehmann (2006) hebt spezifische Instrumente und Anreizarten für ein wirkungsvolles Personalretention hervor und darüber hinaus die für Personalattraktion und Personalmotivation spezifischen.

| | Anreiz | Primär verfolgtes Ziel | | | Zu aktivierende Bedürfnisse | | | | |
| | | | | | Primär fokussieren | | | Sekundär fokussieren | |
		A	M	R	(1)	(2)	(3)	(4)	(5)
Materiell	Geld				x	x	x	x	
	Fixe Vergütung	x							
	Leistungsbeurteilung		x						
	(Gewinn- und Ertragsbeteiligung)	x							
	(Kapitalbeteiligung)	x							
	(Altersversorgung)			x				x	
	(Vergütung trotz Krankheit)	x						x	
	(Urlaub)	x						x	
	Reisekosten/Unterbringung	x					x	x	
	Dienstwagen	x					x		
	Verpflegung/Gesundheitsdienst	x						x	
	Konsumvorteile	x	x					x	
	Treueprämie/(Jubiläumszuwendung)			x	x	x	x	x	
	Arbeitsmaterialien	x							
	Vertragsstrafe		x						
	Soziale Veranstaltungen			x				x*	x
Immateriell	Auftragsgestaltung/Entfaltungsmöglichkeiten		x		x				
	Partizipation		x		x				
	(Zeitsouveränität)		x		x				
	Weiterbildung			x	x				
	Herausforderung		x		x				
	Karrieresystem		x			x			
	Parkplatz	x				x			
	Arbeitsplatzgestaltung	x	x			x			
	Feedback und Wettbewerb		x			x			
	Beziehungsmanagement			x					x
	Folgeaufträge/Arbeitsplatzsicherheit		x	x				x	
	Referenzen		x	x				x	
	Verlängerte Kündigungsfristen	x						x	
	Beratungsdienstleistungen	x							

Legende:

A: Personal**A**ttraktion   (1) Bedürfnisse nach Selbstverwirklichung   (4) Sicherheitsbedürfnisse
M: Personal**M**otivation   (2) Ich-Bedürfnisse   (5) Soziale Bedürfnisse
R: Personal**R**etenion   (3) Physiologische Grundbedürfnisse

In vielen Unternehmen wird nur ein Bruchteil dieser Möglichkeiten genutzt.

Andererseits beschränken sich Unternehmen auf die Anwendung vorwiegend materieller Anreize und überlassen die Führungs- und Unternehmenskultur, die gerade für High Potentials so wichtig ist, eher dem Zufall. Dann müsse diese sich nicht wundern, wenn sie hohe Summen für die Abwerbung von Talenten bezahlen und letztere schon nach kurzer Zeit das Unternehmen wieder verlassen. Talente werden nicht in erster Hinsicht durch Geld und formale Statuszuweisungen motiviert, sondern durch die Herausforderungen ihrer Tätigkeit, durch die Umsetzung ihrer Ergebnisse und durch die Wertschätzung des erbrachten Engagements und Erfolges. Insofern ist das Retention Management heute bedeutend breiter und verantwortungsbewusster zu gestalten und benötigt hybride Motivationsverstärker und Erhalter. Und: (Veränderungs-) Vorschläge von Talenten müssen ernsthaft geprüft und diskutiert werden. Desinteresse oder oberflächliche Ablehnungen sind der Tod für eine längerfristige Zusammenarbeit.

Wir konnten dieses in einer Längsschnittuntersuchung des Verbleibs von hochtalentierten High Potentials in der Industrieforschung deutlich erkennen: 30% der erfassten Talente hatten nach drei Jahren unserer Erstbegegnung das Unternehmen verlassen. Setzt man die Anzahl der Fluktuierten auf 100%, dann waren 82% von ihnen nicht aus materiellen Gründen weggegangen, sondern nachdem sie mehrfach und ohne Änderungsaussichten „mit dem Kopf an die Wand gelaufen" waren. Insbesondere ihre direkten Vorgesetzten, so gaben sie zu Protokoll, setzten sich zu wenig für sie ein bzw. setzten sich in ihrem Sinne zu wenig mit dem Widerstand der Mitarbeiter oder von Fachabteilungen zu Gunsten der Lösungsvorschläge auseinander. Das ergaben unsere Zweitgespräche mit den fluktuierten Talenten.
    Zwar erfassen viele Unternehmen die Kündigungs- und Entlassungsgründe, nutzen diese jedoch kaum zu internen Veränderungen.

Untersuchungen der letzten 10 Jahre legen folgende Ausrichtung des Retention Managements, insbesondere unter der Zielstellung des *Erhalts der High Potentials*, nahe:
- Beachtung von Wertorientierung, Loyalität und (Eigen-) Verantwortung bereits bei der Selektion
- Motivierende Arbeitsaufgaben und Gestaltungsräume
- Offene Arbeitsatmosphäre
- Flexible Arbeitszeiten
- Anspruchsvolle Zielvereinbarungen
- Kombination von materiellen, immateriellen und sozialen Anreizen
- Laufende Weiterbildungsmöglichkeiten
- Wertschätzung und Unterstützung der Talente als change agents.

Mit den beiden BASCHEK-Checklisten (2001, modifiziert) können einerseits die Führungskräfte und andererseits die Mitarbeiter die Qualität des RM einschätzen und miteinander vergleichen:

1. Fragen für Führungskräfte
- Können sich die Mitarbeiter mit den Werten, Produkten und Dienstleistungen des Unternehmens identifizieren?
- Kennen die Führungskräfte und Mitarbeiter die strategischen Ziele des Unternehmens und deren Veränderungen im Prozess?
- Wird den Mitarbeitern genügend Handlungsspielraum eingeräumt?
- Ist die Arbeitsbelastung angemessen und gerecht verteilt?
- Wird genügend Rücksicht auf das Privatleben genommen (Work-Life-Balance)?

- Sind die Vergütungsinstrumente attraktiv und transparent?
- Stimmen das Gehaltsniveau und die Zusatzelemente?
- Ist der Arbeitsstandort attraktiv?
- Ist das Betriebsklima wirklich gut?
- Gibt es eine zeitgemäße Karriereplanung?

2. Fragen für Mitarbeiter

- Ist das Unternehmen heute und auch in Zukunft attraktiv für mich?
- Kann ich mich einbringen, lerne ich dazu, kann ich mich weiterentwickeln?
- Ist die Firmenstrategie erfolgversprechend?
- Sind meine Fähigkeiten am Markt gefragt („Employability")?
- Habe ich nötigenfalls Einfluss auf die Geschäftsfeldentscheidungen?
- Habe ich gute Beziehungen zu den Vorgesetzten?
- Ist die Arbeit sinnstiftend, habe ich Spaß dabei?
- Gibt mir die Stelle Erfolgserlebnisse?
- Sind Arbeitszeitregelungen, Arbeitsplatzgestaltung und Prozesse gut geregelt?
- Wie steht es um das Image des Unternehmens am Markt?
- Empfinde ich einen „Werksstolz"?

Es wird niemals der Idealzustand erreicht. Jedoch kann die Anzahl positiv beantworteter Fragen ein wichtiger Hinweis auf ein gutes und sichtbar gelebtes Retention Management sein.

Karrierewege

Die Karriereplanung ist ein wichtiger Bestandteil des Retention Managements, zumal sie materielle und immaterielle Anreize miteinander verbinden kann. Allerdings ist dieser Teil des Retention Managements nicht widerspruchsfrei. Einerseits ist in den letzten zwei Jahrzehnten vieles zugunsten flacher Hierarchien gemacht und die Zahl der Unteren und Mittleren Führungskräfte deutlich verringert worden. Die klassische Führungskarriere gibt es nur noch eingeschränkt; das Karriereverständnis und die entsprechenden Erwartungen sind allerdings im Wesentlichen die alten geblieben. Aufgewertet und ausgedehnt wurden hingegen die Fachkarriere mit der Entwicklung durch erweiterte Handlungsspielräume, durch Prioritätensetzung und Einsatz von Expertenwissen und durch die Übernahme steigernder Fach- und auch Budgetverantwortung. Ebenfalls gewachsen ist die Projektkarriere mit Entwicklungsmöglichkeiten durch die zeitlich begrenzte Übernahme von Fach- und Führungsverantwortung und durch immer neue multidisziplinäre und überbetriebliche Aufgaben und die damit erforderlichen Lernprozesse.

Die Arbeit in Projekten impliziert eine mehr horizontorientierte, praxisrelevante Karrieremöglichkeit.

Die Karriereplanung soll die Durchlässigkeit zwischen allen drei Karrierewegen garantieren und zulassen, dass ein Wechsel von der Fach- zur Führungs- oder Projektkarriere möglich ist, wobei Führungs- und Projektkarrieren den gleichen Stellenwert haben; sie verlaufen nur in unterschiedlichen Richtungen. Die *Projektkarriere als*

Kompetenz-Karriere wird zukünftig besonders interessant, zumal sie die Karriere in der Linie verdrängen wird. Für die High Potentials liegen interessante Karrierechancen in der Leitung anspruchsvoller Task forces, bei Sonderaufgaben im Rahmen der Organisationsentwicklung, bei der Wahrnehmung besonders komplizierter Aufgaben bei der internationalen Expansion und Zusammenarbeit, im Projektmanagement diverser Vorhaben.

Die Karriere- und sonstigen Entwicklungsmöglichkeiten sollten auf jeden Fall auf die jeweilige Persönlichkeit abgestimmt werden. „Job Sculpting"-Maßnahmen können helfen, die für die Person interessantesten Aufgaben zu finden, mit denen sie sich voll identifizieren kann und für die sie sich mit besonders hohem Engagement einsetzen wird. Hierbei spielt das Verhältnis zur unmittelbaren Führungskraft eine besonders wichtige Rolle. Die Führungskraft muss in einem ausgewogenen Maß fordern, fördern, nächste Entwicklungsschritte planen und eng mit dem Talent kommunizieren.

Schritt 6 ist die **Entwicklung von Talenten**

Talentmanagement baut auf einem entsprechenden Programm auf und ist stets untermauert durch entwickelte Kompetenzen, Nachweis der Kompetenzentwicklungsfortschritte, was sich in besseren Ergebnissen des Unternehmens zeigt.

Talentmanagement beginnt stets mit der Definition der besonders zu unterstützenden Talentgruppen, mit einer strategiegeleiteten Definition der Entwicklungsziele für Talent-Gruppen und für einzelne Talente. Sodann sind die richtigen Entwicklungsmethoden und -Wege ausschlaggebend, und nicht zu unterschätzen sind dabei die eine Entwicklung *ermöglichenden* Arbeitsaufgaben und -Bedingungen.

Gute Talentmanagement-Programme schließen klar umrissene Talent Pools mit individuellen Entwicklungs- und Einsatzorientierungen ein. Das kann heute professionell IT-gestützt erfolgen und soll nachfolgend an einem Beispiel demonstriert werden.

Solche Talentmanagement-Programme schließen auch die unterschiedlichen Wege und Formen zur Kompetenzentwicklung (Coaching, Mentoring, Verantwortungserweiterung, Sponsoring, Kompetenztraining, E-Learning) ein und verknüpfen geschickt mehrere Interventionen zu einem hybriden, hoch effizienten Gestaltungsansatz. Letzteres wird an einem Beispiel (Exzellent Programm) erläutert.

1. Entwicklungsdatei

Eine der wichtigsten Aufgaben des Personalmanagements ist es, zur richtigen Zeit die richtigen Personen mit den richtigen Qualifikationen und Kompetenzen am richtigen Ort zur Verfügung zu haben.

Dies ist – bedingt durch sich schnell ändernde Märkte, Technologiewandel, globalen Wettbewerb, Knappheit an Fachkräften (Demografischer Wandel, transparente Arbeitsmärkte durch Internetportale), Restriktionen wie Kosteneinsparungen und Produktivität – kein leichtes Unterfangen.

Gerade in größeren mittelständischen Unternehmen und großen Unternehmen kann hier nicht auf Legacy-HR-Systeme zurückgegriffen werden, da diese in der Regel nur abrechnungsrelevante Informationen bereitstellen. Somit ergibt sich die Forderung nach einem zentralen Instrument zur Identifikation und Entwicklung von Fach- und Führungskräften, insbesondere High Potenzials, Talents. Die Entwicklungsdatei ist ein aus der Personalpraxis heraus entwickelter Ansatz von ACT/ISB zur Lösung dieser Problematik.

Die Entwicklungsdatei als zentrales Instrument

Die Entwicklungsdatei ist eine unternehmensweit verfügbare Datenbank zur Speicherung und Auswertung von Personal-, Potenzial- und Entwicklungsdaten. Es handelt sich also um mehr als nur zentral bzw. dezentral geführte „Excel-Listen" bzw. Dateien.

In einer Entwicklungsdatei sollten alle Führungskräfte des Top-Managements, des mittleren Managements, sowie Nachwuchsführungskräfte und Trainees, regionale Manger und weitere Talente der Niederlassungen standortbezogen enthalten sein.

Sofern der Datenbestand um Bewerberdaten ergänzt wird, kann auch die externe Personalsuche mit in die Stellenbesetzung einbezogen werden.

Mit der Entwicklungsdatei kann gezielt auf die Bedürfnisse des Unternehmens bei der Stellenbesetzung eingegangen werden. Je detaillierter das Wissen über die verfügbaren „Talente", umso effizienter und wirkungsvoller das Werkzeug. Die Entwicklungsdatei dient dem Auffinden der Stecknadel im Heuhaufen, ferner der multivalenten und auch globalen Einsatzplanung, der gezielten kompetenzorientierten Entwicklung und dem Erkennen der „Talentgliedrigkeit", d.h. insbesondere der Talenttiefe und Talentbreite, und Nutzung dieser für die Unternehmensentwicklung.

Ein Zugriff erfolgt in der Regel bedarfsabhängig, z. B. im Vorfeld sich abzeichnender Vakanzen oder bei strategischen „Was-wäre-wenn" Planspielen. Mit der Entwicklungsdatei ist das Unternehmen personalpolitisch vorbereitet.

Abb. 11: Entwicklungsdatei als Datenpool zur Stellenbesetzung

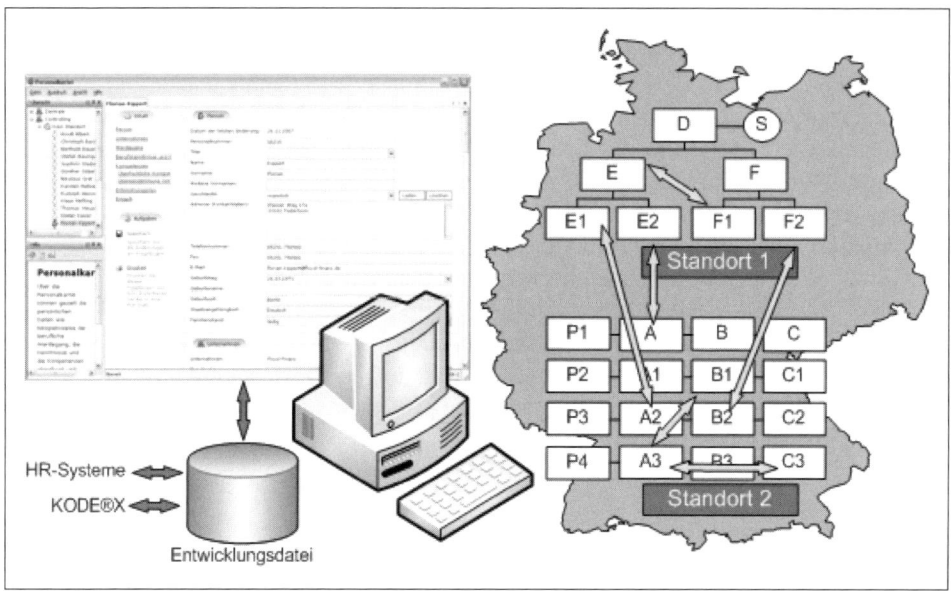

Die Entwicklungsdatei ist somit ein notwendiges Hilfsmittel für ein modernes Personalmanagement und spart Zeit und Kosten bei der Stellenbesetzung. Die Entwicklungsdatei ist dabei nicht unbedingt davon getrieben, die aktuellen Bedarfe zu decken, sondern auch darauf ausgerichtet, zukünftig benötigte Mitarbeiter zu entwickeln.

Betrachtet werden hier vier Ebenen:
• Strategische Ebene
Welche Kompetenzen sind im Unternehmen langfristig in Bezug auf die Unternehmensstrategie notwendig?
• Organisationale Ebene
Welche Tätigkeitsbereiche/Sollprofile sind mit welcher Qualifikation zu bedienen?
• Tätigkeitsbereich-Ebene
Welche Ausprägungen sollen die einzelnen Teilkompetenzen innerhalb eines Sollprofils haben?
• Individuelle Ebene
Welche quantitativen und qualitativen „Gaps" liegen vor und welche Entwicklungsstrategien sind zur Schließung dieser Lücken bezogen auf erfolgskritische Personen vorgesehen?

Die Entwicklungsdatei ist kein statischer Datenpool. Ändern sich beispielsweise die Annahmen, die der Unternehmensstrategie zugrunde gelegt wurden, dann ist eine Anpassung und Neubewertung notwendig.

Das frühere Muster der Besetzung von Stellen, welches durch vakante Stellen ausgelöst wurde, wird durch ein zukunftsorientiertes Paradigma ersetzt.

Abb. 12: Paradigma moderner Personalentwicklung

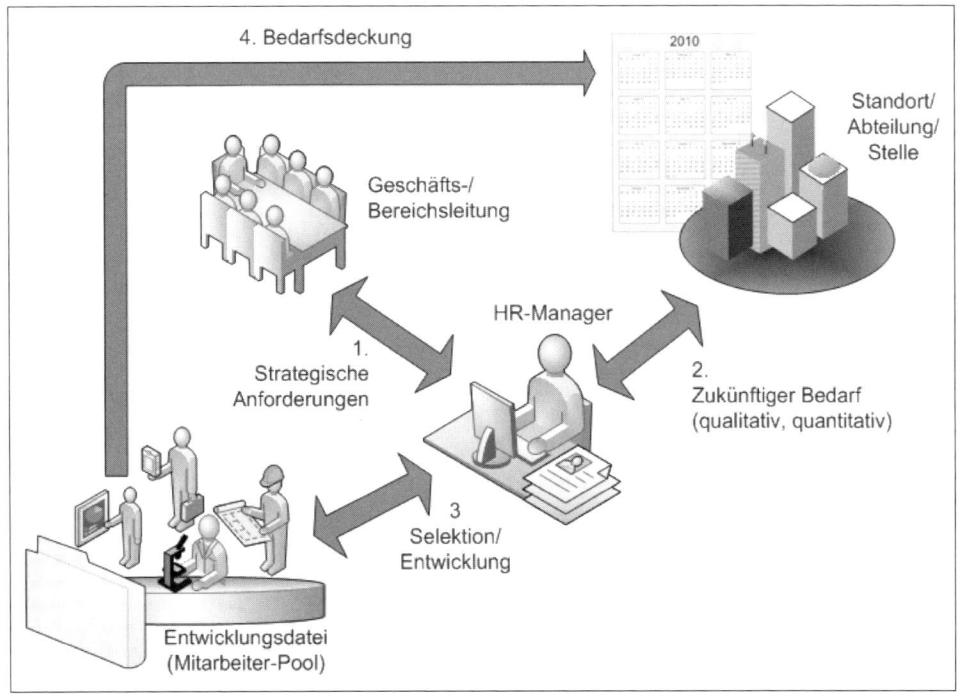

Struktur und Aufgaben einer Entwicklungsdatei

Wie oben bereits erwähnt, sollte die Entwicklungsdatei Informationen enthalten, um Stellen zu bedienen, die für den Unternehmenserfolg kritisch sind, die hohen Leistungsanforderungen unterliegen, bzw. die schwer zu besetzen sind (Job-Nachfrage > Job-Angebot). Ebenso sollte die Besetzung von Jobs berücksichtigt werden, die zukünftig organisatorische Veränderungen erfahren werden.

Abb. 13:   Bestandteile der Entwicklungsdatei

Die Entwicklungsdatei beginnt mit Personalstammdaten. Sie enthält klassische Daten, z. B. Namens- und Kontaktdaten. In der Regel liegen bereits Daten in den Human Resources Systemen vor. Die Entwicklungsdatei ergänzt die Informationen der konventionellen HR-Datenbestände und sollte daher möglichst an die Human Resources Systeme angekoppelt sein.

Abb. 14: Auszug Entwicklungsdatei „Personendaten"

Datum der letzten Änderung:	26.11.2007
Personalnummer:	45215
Titel:	
Name:	Mustermann
Vorname:	Florian
Weitere Vornamen:	
Geschlecht:	männlich
Adresse (Kontaktdaten):	Elässer Weg 17a 33102 Paderborn
Telefonnummer:	05251-750540
Fax:	05251-750541
E-Mail:	Florian.Mustermann@isb-ik.de
Geburtstag:	26.03.1971
Geburtsname:	
Geburtsort:	Berlin
Staatsangehörigkeit:	Deutsch
Familienstand:	ledig

[Laden ..] [Löschen]

Es folgen Unternehmensdaten, z. B. Standort, Kostenstelle, Statusinformationen zur Person. Informationen zur Ausbildung, zu Abschlüssen, dem Werdegang, zu wichtigen beruflichen Etappen und Sprachkenntnissen ergänzen den Datenbestand.

Ein wichtiger Bestandteil der Entwicklungsdatei sind die **außerbetrieblich erworbenen Kompetenzen**. Viele Mitarbeiter verfügen über Potenziale, die z. B. im Rahmen einer Mitgliedschaft in einem Verein, durch ehrenamtliche Tätigkeit oder selbstorganisierte Gruppen erworben wurden. Dieser Kompetenzerwerb kann hier bezogen auf Einsetzbarkeit und Multiplizierbarkeit bescheinigt werden.

Zu einer Person können Informationen zu **Jobfamilien** und **Jobcluster** hinterlegt werden.

Nachfolgendes Beispiel veranschaulicht die Notwendigkeit von **Jobfamilien**. Es entstand bei der Recherche nach dem Stellenprofil „Senior Berater" Es zeigt ausschnittweise, wie viele unterschiedliche Suchbegriffe verwendet werden müssen um adäquate Offerten im Suchergebnis zu erhalten.

Abb. 15: Beispiel Jobfamilie

Kürzel	Jobfamilie	Alternative Stellenbezeichnungen	Arbeitsaufgabe
SB	Senior Berater/in	Berater, Business Analyst, Business Architect, Business Consultant, Change Manager, Consultant, Fachberater, International Manager, Projektleiter, Managing Consultant, Management Consultant, Senior Project Manager	Analysieren und Lösen komplexer Aufgaben; Selbstständiges und verantwortliches Arbeiten; Führen interdisziplinärer Teams/Arbeitsgruppen; Übernahme von Führungs-/Projektleitungsaufgaben; Langjährige Berufserfahrung oder Hochschulabschluss

In der Regel werden unterschiedlichste Tätigkeits- bzw. Sollprofilbezeichnungen in HR-Systemen verwendet. Der Kreativität bei der Vergabe von Berufsbezeichnungen sind kaum Grenzen gesetzt. Beispielsweise haben sich in der Informationstechnik, besonders in der „New Economy" innovative Berufsbezeichnungen wie z. B. „Portal-manager" oder „E-Business-Consultant" herausgebildet.

Für die Zuordnung von Personen zu Positionen, z. B. im Rahmen der Nachfolge-planung, ist es jedoch sinnvoll solche speziellen Berufs- bzw. Tätigkeitsbezeichnungen durch übergeordnete Jobfamilien zu repräsentieren. Durch die Standardisierung wird eine bessere Übersicht erreicht, die Vergleichbarkeit von Mitarbeitern erhöht (z. B. bei Gehaltseinstufungen) und die Gleichbehandlung von Personen über Unternehmens-grenzen/Standorte hinweg sichergestellt.

Die Entwicklungsdatei stellt Möglichkeiten bereit, Kompetenz- bzw. **Jobcluster** abzubilden. Der Begriff des Clusters stammt ursprünglich aus der Physik und be-schreibt ein „aus vielen Teilen oder Molekülen zusammengesetztes System".

Cluster können historisch gewachsen sein oder aber Resultat einer systematischen oder auch zufälligen Unternehmens- oder Marktentwicklung. Personen eines Clusters müssen nicht zwingend einer Organisationseinheit unterstellt sein, sondern können virtuell organisiert sein.

Technologische Plattformen, wie z. B. Groupware, Instant Messaging oder Web 2.0, bieten hier geeignete Möglichkeiten der Zusammenarbeit. Den Akteuren eines Clusters ist in der Regel bewusst, dass sie an gemeinsamen – oft themenspezifischen – Herausforderungen arbeiten. In der Entwicklungsdatei kann und sollte vermerkt werden, in welchen Clustern eine Person mitarbeitet (mitarbeiten kann), um ent-sprechende Manpower im Rahmen der Personal- und Organisationsentwicklung be-reitzuhalten.

Abb. 16: Auszug Berufskenntnisse und -erfahrungen

Berufskenntnisse und Erfahrungen [+] [-]

Bezeichnung	Anforderung	Qualifikation
Lotus Notes Bedienung ▼	1 - Grundkenntnisse ▼	1 - Grundkenntnisse ▼
Management (Querschnitt) ▼	3 - sehr gute Kenntnis ▼	3 - sehr gute Kenntnis ▼
Vertrieb ▼	3 - sehr gute Kenntnis ▼	3 - sehr gute Kenntnis ▼
Basel-II-Kenntnisse ▼	▼	3 - sehr gute Kenntnis ▼

Der Bereich Berufskenntnisse und -erfahrungen bildet themenspezifisches Wissen ab. Die Anzahl der Felder ist nicht limitiert, sondern es können theoretisch beliebig viele Informationen hinterlegt werden. Neben standardisierten Bezeichnungen (z. B. Vertrieb) können firmen- und organisationsspezifische Begrifflichkeiten hinterlegt werden. Die einmal hinterlegten Begriffe stehen sofort als Vorschlagswerte für Neuerfassungen zur Verfügung.

Neben der reinen Auflistung von Kenntnissen und Erfahrungen ist für eine systematische Entwicklungsplanung wichtig, die Ausprägungstypen zu standardisieren und der für die geplante zukünftige Position geforderten Anforderung gegenüber zu stellen. Zwar stellen moderne Softwaresysteme intelligente Suchanfragen zur Verfügung, jedoch kann auch das intelligenteste Softwaresystem die Semantik der Begriffe nicht interpretieren (z. B. sind offensichtliche Synonyme wie „Delegieren" und „Aufgabenübertragung" aus Computersicht zunächst unterschiedlich und inkompatibel und nur durch hinterlegte Zuordnungslisten erkennbar).

Durch die Verbindung zu KODE®X wird visualisiert, bei welchen Tätigkeitsprofilen eine hohe Übereinstimmung vorliegt. Dargestellt werden 12 bis 16 aus 64 Teilkompetenzen (z. B. Ergebnisorientiertes Handeln) sowie deren gewünschte Ausprägung („SOLL-Kanal") aus Unternehmenssicht. Sofern einem Unternehmen klar ist, wohin in den nächsten Jahren „die Reise" geht, dann können auch die Mitarbeiter in diese Richtung weiterentwickelt werden. Eine HR-Abteilung die versucht, Mitarbeiter zu entwickeln, die momentan gebraucht werden, handelt zu spät.

Die 12 bis 16 Kompetenzen spiegeln die Unternehmensstrategie wider und sind mit organisationsspezifischen Definitionen hinterlegt. Durch die Gegenüberstellung mit den IST-Daten – in der Regel die Fremdeinschätzung der Führungskraft – ergibt sich der Weiterentwicklungsbedarf.

Abb. 17:   Kompetenzcheck

Überfachliche Kompetenzen

Anforderungsanalyse: Vertrieb/Holding (Regensburg) vom 19.07.2007   ▼

Sollprofil: Produktentwicklung   ▼

Nr.	Strategische Kompetenz (KODE®X)	Soll-Kanal	Ist	Differenz
1	Ergebnisorientiertes Handeln	7 - 10	6	-1
2	Loyalität	3 - 6	2	-1
3	Analytische Fähigkeiten	2 - 6	3	0
4	Zuverlässigkeit	4 - 8	5	0
5	Problemlösungsfähigkeit	6 - 10	10	0
6	Entscheidungsfähigkeit	5 - 8	8	0
7	Kommunikationsfähigkeit	7 - 10	8	0
8	Gestaltungswille	4 - 8	3	-1
9	Initiative	5 - 8	6	0
10	Einsatzbereitschaft	6 - 10	11	1
11	Ganzheitliches Denken	4 - 7	6	0
12	Konfliktlösungsfähigkeit	2 - 5	6	1
13	Teamfähigkeit	4 - 7	3	-1
14	Akquisitionsstärke	8 - 11	10	0
15	Belastbarkeit	8 - 11	8	0
16	Innovationsfreudigkeit	7 - 10	8	0

Übereinstimmung mit Anforderungen

Einschätzung: Fremd. Führungskraft (de) - Bicking - 25.09.2007   ▼

Personale Kompetenz	93 %
Aktivitäts- / Handlungskompetenz	98 %
Fachlich methodische Kompetenz	85 %
Sozial-kommunikative Kompetenz	110 %

Mitarbeiter müssen nicht nur fachlich passen, sondern auch als Person entsprechende Grundkompetenzen vorweisen. Die Übereinstimmung in Bezug auf die 4 Grundkompetenzen P/A/F/S wird anhand von Ampelfarben visualisiert. Eine Übereinstimmung zwischen 85% und 115% zeigt, dass die Person „kompatibel" zum Tätigkeitsbereich ist. Ein Prozentwert unterhalb der 85%-Schranke zeigt einen Nachholbedarf auf. Bei Übereinstimmungswerten über 115% sollte geprüft werden, ob eventuell „zu viel des Guten" vorliegt; übersteigertes Verhalten kann ins Negative umschlagen, wie nachstehende Anzeige eines großen Deutschen Unternehmens – zugegeben etwas überspitzt – zeigt.

Abb. 18: Auszug aus einer (Mitarbeiter-)Werbekampagne

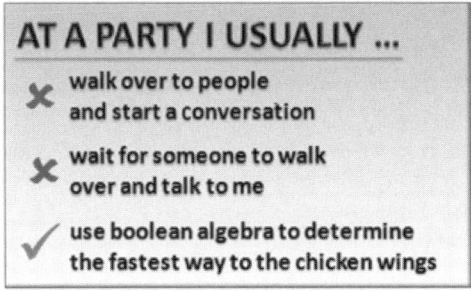

Des Weiteren werden in diesem Bereich der Entwicklungsdatei SOLL-IST-Abweichungen in Bezug auf Führungserfahrung, Kernposition, Kommunikation und Mitarbeiterführung durchgeführt.

Abb. 19: Übereinstimmung bzgl. Führungserfahrung

Führungserfahrung

		Differenz
Soll	4 - Führungserfahrungen von Gruppen, Teams erforderlich ▾	
Ist	5 - Hat umfassende/langzeit Führungskompetenzen ▾	1

Durch die differenzierte Gegenüberstellung standardisierter Merkmale werden sowohl eine Abweichungsanalyse sowie individuelle Personalentwicklungsmaßnahmen ermöglicht:

Anhand des Kriteriums Führungserfahrung soll dies dargestellt werden.

Führungserfahrungs-SOLL
• Generell keine Erfahrung erforderlich
• Gegenwärtig keine Erfahrung erforderlich
• Begrenzte Führungsanforderungen (zeit-, projektbezogen)
• Führungserfahrungen von Gruppen, Teams erforderlich
• Umfassende Führungserfahrung
• Überdurchschnittliche Führungserfahrungen (komplexe, bzw. globale Herausforderungen)
• Anforderungen an TOP-Performer / Kernpositionsanforderungen

Führungserfahrungs-IST
• Keine Führungsvoraussetzungen; Entwicklung in fachlicher Richtung bevorzugt
• Bisher noch keine Führungskompetenzen entwickelt; wurde bisher nicht gefordert
• Zeigt erste Ansätze zur Führung; Entwicklung ist erkennbar
• Zeigt eine gute Performance; PE-Maßnahmen noch sinnvoll/notwendig
• Hat umfassende/Langzeit Führungskompetenzen
• Bewältigt initiativreich und eigenverantwortlich Führungsanforderungen
• Zählt zu den TOP-Performern

Abb. 20: Personalentwicklungsmaßnahmen

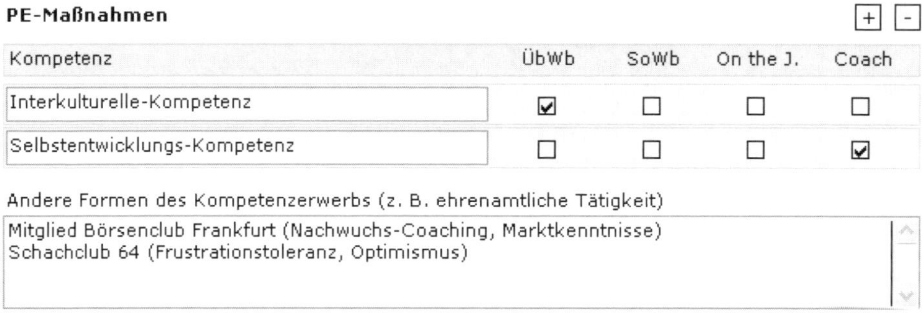

PE-Maßnahmen [+] [-]

Kompetenz	ÜbWb	SoWb	On the J.	Coach
Interkulturelle-Kompetenz	☑	☐	☐	☐
Selbstentwicklungs-Kompetenz	☐	☐	☐	☑

Andere Formen des Kompetenzerwerbs (z. B. ehrenamtliche Tätigkeit)

Mitglied Börsenclub Frankfurt (Nachwuchs-Coaching, Marktkenntnisse)
Schachclub 64 (Frustrationstoleranz, Optimismus)

Anhand der „Gaps" zwischen geforderten und vorhandenen Anforderungen ergibt sich auch der Entwicklungsbedarf. Häufig wird in größeren Unternehmen der Seminarkatalog eines Anbieters mit der Bitte an den Abteilungsleiter oder Mitarbeiter vorgelegt, sich geeignete Seminare (one-to-few oder one-to-many Seminare) auszusuchen.

In der Praxis haben sich jedoch darüber hinaus Instrumente wie z. B. Coaching, Mentoring, Vorträge, Kongresse, Training-on-the-Job, E-Learning/Virtual Classrooms, Computerbased Training (CBT)/Web Based Training (WBT), Edutainment, Selbstlernprogramme, Blended Learning, Generationen-Lernen, und vieles mehr, bewährt.

Zur Entwicklung eines Talents sind jedoch auch Freude und „Drive" an der Tätigkeit notwendig, das Vorhandensein einer Vision von der zukünftigen Rolle („Karrierepfad"), entsprechende Unterstützung im Unternehmen, die Möglichkeit im Rahmen des Talents zu agieren (das „Dürfen") sowie frühe erste Erfolge.

Einführungsschritte

Konzeptionell lässt sich eine Entwicklungs"kartei" papierbasiert realisieren. Da sich die Implementierung einer Entwicklungsdatei als relativ einfacher Prozess gestaltet, sollte sich die Human Resources Abteilung bzw. der Personalentwickler von einer „Paper-Pencil-Methode" bzw. dezentral geführten inkonsistenten „Excel-Tabellen" verabschieden.

Zu Beginn der Einführung der Personalkartei steht die Klärung der verfügbaren Datenquellen. In der Regel verfügen Human Resources Systeme über standardisierte Zugriffsschnittstellen, um relevante Daten (z. B. Personendaten) zu übernehmen. Ziel sollte sein, eine doppelte Datenhaltung und dadurch verursachte doppelte Datenpflege zu vermeiden. Im nächsten Schritt erfolgt die Ergänzung um qualitative Daten (z. B. Kompetenzen, Stärken, …), die in den Human Resources Systemen in der Regel nicht vorhanden sind. Um das System nun produktiv zu nutzen, empfiehlt sich eine kurze Einweisung in das System. Für Personen, denen das KODE® bzw. KODE®X-System bekannt ist, kann auf letzteres verzichtet werden.

Effiziente Ergebnisse setzen qualitativ hochwertige Informationen voraus. Die Entwicklungsdatei als Grundlage ermöglicht sehr zielgerichtet Talente und Entwicklungsbedarfe zu identifizieren und ggf. Entwicklungsmaßnahmen frühzeitig einzuleiten. Selbst bei wandelnden Rahmenbedingungen und flexiblem Einsatz von Mitarbeitern (z. B. in Arbeits- oder Projektgruppen) kann die Entwicklungsdatei zur Auswahl geeigneter Personen verwendet werden. Ein *konsequent gepflegter Talentpool* amortisiert sich innerhalb kurzer Zeit.

2. Kompetenzentwicklung durch emotions- und motivationsaktivierende Lernprozesse

Kompetenzen, die für bestimmte Tätigkeiten und Funktionen erforderlich sind, können in Grenzen trainiert und angeregt werden.

Schwierigkeit der Kompetenzentwicklung

Sobald durch irgendwelche quantitativen, qualitativen oder komparativen (vergleichenden) Feststellungsverfahren oder auch nur gefühlsmäßige Urteile Kompetenzdefizite offenbar geworden sind, wird in der Regel gefragt: Wie lassen sich die Defizite ausgleichen? Oder auch: Wie kann man die bereits vorhandenen Kompetenzen bewusster machen und verstärken? Oder: Wie kann man aus seinen eigenen oder aus Mitarbeiterkompetenzen das meiste herausholen? Dabei ist sicher jedem klar: Kompetenzen kann man nicht „lernen", so wie man das Einmaleins oder die Differentialrechnung oder die Abfolge historischer Ereignisse lernt. Das hängt damit zusammen, dass Kompetenzen von Werten fundiert und von Erfahrungen konsolidiert werden. Werte kann man aber nur *selbst* verinnerlichen, Erfahrungen nur *selbst* machen. Man kann zwar fremde Erfahrungen mitgeteilt bekommen; damit diese jedoch eigene werden, müssen sie durch den eigenen Kopf und das eigene Gefühl hindurch. Das gilt ebenso für Werte, die erst zu Emotionen und Motivationen verinnerlicht werden müssen, um wirksam zu werden. Das eigene Gefühl, die eigenen Emotionen und Motivation sind nur beteiligt, wenn man vor spannungsgeladene, dissonante, nicht durch bloße Verstandesoperationen lösbare geistige oder handlungsbezogene Problem- und Entscheidungssituationen gestellt wird.

Deshalb gilt: Wissen im engeren Sinne lässt sich prinzipiell durch Lehrprozesse vermitteln. Erfahrungen, Werte, Kompetenzen können wir uns nur durch emotions- und motivationsaktivierende Lernprozesse aneignen. Solche Lernprozesse lassen sich durchweg als Trainingsprozesse charakterisieren: als Selbsttraining, Kleingruppentraining, Einzeltraining / Coaching. Informationsveranstaltungen, Vorträge, Planspiele, Fallbeispiele und viele andere bewährte Weiterbildungsmethoden zur Wissensaneignung helfen hier nicht weiter; es sind neue Inhalte und Formen der Weiterbildung gefragt, wenn es um Kompetenzentwicklung geht.

Kompetenzen sind folglich vorrangig in Trainingsformen vermittelbar.

Dabei muss stets gegenwärtig bleiben, dass sich viele Kompetenzen biographisch schon sehr früh herausbilden, und dass wichtige Kompetenzen nicht in Trainingsprozessen, sondern gleichsam nebenbei, im sozialen Umfeld oder in der unmittelbaren Arbeit, erworben werden. Die Analyse des Lernens im sozialen Umfeld ist deshalb eine wichtige Voraussetzung für die Planung von Kompetenztrainings.

In der konkreten betrieblichen Situation, die Mitarbeiter mit unbedingt notwendigen und zu benennenden Kompetenzen braucht, ist die Besinnung auf biographisch oder sozial erworbene Kompetenzen allerdings wenig zielführend. Da existiert ein Mitarbeiterstamm, dessen Kompetenzen man kennt oder qualitativ und quantitativ ermitteln kann. Und da stehen neue Aufgaben an, die möglicherweise viel höhere oder gänzlich andere Kompetenzen als die bisherigen benötigen. Sie lassen sich ebenfalls qualitativ benennen und quantitativ kennzeichnen.

Wodurch kann man dann Ist und Soll in Übereinstimmung bringen?
Auf diese Frage geben mittlerweile 74 **M**odulare **I**nformations- und **T**rainingsprogramme (**MIT**) theoretisch fundierte und praktisch erprobte Antworten. Sie sind im Rahmen von KODE®X entwickelt worden und werden periodisch aktualisiert und ergänzt.

2.1 Selbsttraining mit Modularen Informations- und Trainingseinheiten (MIT)

Der Aufbau der MIT orientiert sich an der abgeleiteten Übersicht der 64 Grund- und Teilkompetenzen. Der Vorteil dieses Aufbaus für ein Trainingskompendium ist, dass die vier **Grundkompetenzen** (Personale Kompetenz, Aktivität/Handlungskompetenz, Fach- und Methodenkompetenz, Sozial-kommunikative Kompetenz) und die davon ausgehenden **Teilkompetenzen** in Zweierkombinationen ein äußerst differenziertes und vor allem nicht „fachkompetenzlastiges" Bild ergeben, wie das bei eher qualifikationsorientierten Weiterbildungsmaßnahmen so häufig der Fall ist.

MIT-Charakteristik

Jede der 74 Informations- und Trainingseinheiten, die sich auf die 64 Teilkompetenzen des KompetenzAtlas beziehen, ist modular aufgebaut:

- Zu jeder der 64 Teilkompetenzen liegen aus dem KODE®X-Verfahren charakterisierende Definitionen vor.
- Davon ausgehend werden in den einzelnen Trainingseinheiten zunächst umrissartig – oft mit Bonmots, Beispielen und Anekdotischem gewürzt – *die Basis- und Teilkompetenzen* plastisch umrissen.
- Fragebögen zur *Selbsteinschätzung* von nachgefragten eigenen Basis- und Teilkompetenzen ermöglichen es, Antworten auf solche Fragen zu finden:
    - Wie sieht es mit meinen Kompetenzen aus?

- – Habe ich deutliche Kompetenzdefizite?
- – Kann ich diese durch andere, stärker ausgeprägte Kompetenzen kompensieren?
- – Wo muss ich mir über weniger ausgeprägte Kompetenzen klar werden und sie durch ein entsprechendes Training erhöhen?

- Daraus leiten sich die *persönlichen Zielsetzungen* ab, die in Veränderungsvorsätzen – gleich ob mit oder ohne Training – münden:
  - – Was muss sich ändern?
  - – Was muss ich erweitern?
  - – Was muss ich vertiefen?
  - – Wo setze ich an?
  - – Welche konkreten Ziele stelle ich mir persönlich?

- Zugleich werden die Hintergründe von *Veränderungsmöglichkeiten* deutlich:
  - – Was sollte und was kann ich überhaupt verändern?
  - – Wo stehen mir Hilfe und Unterstützung zur Verfügung?
  - – Welche Energiequellen können und sollen mich antreiben?

- Zugleich ist herauszufinden, welche Gewohnheiten, Hindernisse, *Bremsen* der Zielerreichung entgegenstehen:
  - – Wann und wo habe ich meine Kompetenzentwicklung vernachlässigt?
  - – Was steht subjektiv und objektiv meiner Entwicklung entgegen?
  - – Wie kann ich Bremsen beseitigen?

- Daraus lassen sich schließlich persönliche *Schlussfolgerungen* und *Maßnahmen* für die eigene Kompetenzentwicklung ableiten.

- Ist man bis zu diesem Punkt vorgedrungen, beginnt die Suche nach geeigneten *Techniken und Übungen*. Hier soll dem Suchenden nichts vorgeschrieben werden. Es gibt keine allgemein gültigen Rezepte zur Kompetenzentwicklung. Es gibt nur Erfahrungen und Möglichkeitsfelder, die man selbst – eventuell gestützt durch Trainer, Personalentwickler, Kollegen oder Freunde – ausschreiten kann.

- Abschließend ermöglichen zusammenfassende Checklisten einzuschätzen, ob sich die Kompetenzen tatsächlich in der gewünschten Weise entwickelt haben, ob man sich durch die Anstrengungen belohnt und bereichert fühlen darf.

- Am Ende jedes Modularen Informations- und Trainingsprogramms gibt es Hinweise auf Literatur, die zur Entwicklung des Moduls diente und die auch für den Laien lesenswerte Hinweise und Weiterführungen enthält.

Nachfolgend wird eines der 74 MIT dargestellt und auf dessen zeitökonomischen Gebrauch dieser hingewiesen.

Beziehungsmanagement   S3

Nur für Führungskräfte

Wie halte ich die Kunden?   Beziehungsmanagement hat viele Aspekte. In diesem
Selbsttrainingsprogramm für Führungskräfte soll ein zentralerAspekt
aus der Vielfalt möglicher hervorgehoben werden, da er von den
meisten Führungskräften nicht oder nur recht unzureichend
beherrscht wird. In Analogie gilt das auch für bestimmte
„unternehmensinterne Kunden", Behörden usw. Gemeint ist ein
durchdachtes Kundenmanagement, das für das Unternehmen
gewährleistet, dass die Kunden nicht nur an Spitzenmitarbeiter
gebunden werden und mit deren Unternehmenswechsel ihnen
folgen, sondern ihre Loyalität und Bindung auf das ganze
Unternehmen und seine Produkte und Dienstleistungen ausdehnen.

Häufige Probleme   Viele Unternehmen überlassen einzelnen Vertriebsmitarbeitern oder
den Vertriebschefs den Aufbau von Kundenbeziehungen und
registrieren beim Ausscheiden dieser Mitarbeiter den gleichzeitigen
Weggang wichtiger Kunden. Mitunter bemerken sie den Verlust erst
zeitverzögert, weil bestehende Verträge eine kurzfristige Loslösung
des Kunden erschwerten; die einseitige Bindung des Kunden an den
schon fast vergessenen ehemaligen Mitarbeiter fällt nicht auf¼Und
wenn schon Abwanderungs- Vorbeugestrategien ersonnen werden,
dann in der Regel einseitig aus der Sicht des Unternehmens - ohne
sich in die Bedürfnisse, Überlegungen und Einstellungen der
Kunden bzw. deren wichtigsten Repräsentanten hineinzudenken.

Natürlich ist der Ruf eines Unternehmens immer in Verbindung mit
den Beziehungen zwischen Vertretern des Unternehmens und des
Kunden zu sehen, durch Menschen und deren Emotionen getragen.
Nicht selten wird die Person eines Vertreters höher geschätzt als
das von ihm vertretene Unternehmen oder dessen Produkte oder
Dienstleistungen - zumal, wenn letztere sich nicht substanziell von
denen anderer unterscheiden. Und wenn diese besonderen
Personen das Unternehmen verlassen, fühlen sich die Kunden nicht
selten im Stich gelassen und folgen den „Beziehungsträgern" oder
öffnen sich gegenüber inzwischen geschickt an sie herangetragenen
Angeboten der Konkurrenz. Das kann auch passieren, wenn die
bisherige Bezugsperson in einen anderen Bereich des gleichen
Unternehmens gewechselt ist oder auch nur in der gleichen
Abteilung andere Aufgaben übernommen hat. Fakt bleibt die Lösung
der bisher ausschließlich personenbezogenen Beziehung.

Neue Einsichten

Nach einer neueren Studie von N. Bendapudi und R. P. Leone aus dem Jahre 2001 (H B manager 3/02) sind die von Unternehmen am meisten eingesetzten und zugleich weitgehend ineffektiven Strategien zur Vorbeugung von Kundenverlusten folgende drei:

1. Es wird mit allen Mitteln versucht zu verhindern, dass Schlüsselmitarbeiter das Unternehmen verlassen.

2. Es wird versucht, das Kundenwissen fluktuierter Schlüsselmitarbeiter im eigenen Unternehmen zu belassen.

3. Es werden rechtliche Mittel (etwa Wettbewerbsklauseln und langfristige Verträge) ausgeschöpft.

Das ist jedoch noch längst keine Garantie für rückläufige Kundenfluktuation, da diese Maßnahmen ausschließlich "nach innen" gerichtet sind und die spezifischen Wahrnehmungen der Kunden unberücksichtigt lassen. Es wird kaum danach gefragt, worauf es den Kunden bei der Beendigung direkter Kontakte mit den bisherigen Schlüsselpersonen ankommt.

Kunden-Befürchtungen

In der erwähnten Studie sind insbesondere folgende vier Befürchtungen der Kunden erfasst worden:

1. "Ich verliere meinen wichtigsten Kontakt zum Unternehmen."

2. "Der neue Betreuer wird sicher nicht so gut sein wie mein bisheriger."

3. "Ich muss im Verhältnis zu diesem Unternehmen wieder bei null anfangen. Und irgendwas wird mir dabei bestimmt verloren gehen".

   "Was geschieht, wenn auch der neue Mitarbeiter nicht lange bleibt?"

   "Wurde der neue Mitarbeiter von seinem Vorgänger richtig eingearbeitet?"

4. "Wie sieht das mit der Qualität dieses Unternehmens aus, wenn wir über den Wechsel nicht im Vorhinein informiert wurden? Ist das Vor-Vollendende-Tatsachen-Stellen symptomatisch für dieses Unternehmen?"

Lösungen - zum Kunden hin

Analog zu den vier häufigen Befürchtungsgruppen gibt es vier grundsätzliche Lösungsansätze:

Erstens: Entwickeln Sie eine Beziehung zum Kunden, die so breit angelegt sowie tief ist, dass sie nicht nur von einem einzigen Mitarbeiter abhängt.

Zweitens: Vermitteln Sie dem Kunden unaufgefordert die Qualität aller Ihrer Mitarbeiter, um ihn von Ihrer Mitarbeiter- qualität und von Ihrer Wertschätzung zu überzeugen und um ihm Sicherheit zu geben.

Drittens: Informieren Sie Ihre Kunden über einen Mitarbeiter- wechsel schnell und professionell und behandeln Sie den Weggang als eine natürliche Angelegenheit. Gestalten Sie den Übergang so reibungslos wie möglich.

Viertens: Informieren Sie den Kunden ausserhalb eines möglichen Mitarbeiterwechsels von Ihren Bemühungen und Erfolgen bei der Qualitätssicherung Ihrer Produkte und Dienstleistungen. *Kommunikation und Qualitätshinweise im Austausch*- prozess sind nicht nur heutige Auffassungen eines modernen Kundenmanagements schlechthin, sondern auch wichtige Orientierungsgrößen und Sicherheitssignale für den Kunden selbst in einer immer schwieriger berechenbaren und über- schaubaren Umwelt.

Orientierungen zur Stärkung Ihres Kundenbeziehungs- Managements

Bendapudi und Leone geben auf grund ihrer umfangreichen Studie und Fehleranalyse folgende Empfehlungen:

1. Vermeiden Sie, dass Ihre Kunden sich nur an einen bzw. sehr wenige Mitarbeiter binden.

- Lassen Sie Ihr Personal rotieren. Dahinter steht das Ziel, den Kunden mit zahlreichen Mitarbeitern Ihres Unternehmens in Kontakt treten zu lassen. Allerdings muss Rotation durchdacht verlaufen und nicht willkürlich und zu oft. Der Kunde muss erfahren, dass das Unternehmen durch verschiedene fähige, loyale und verlässliche Mitarbeiter beim Kunden vertreten ist bzw. sein kann.
- Setzen Sie Teams ein. Mitarbeiter können sich in Teams ergänzen und ganz gezielt die Teamsynergien für den Kunden nutzen. Gleichzeitig erfährt er die breiter angelegten Mitarbeiterkompetenzen und somit auch Unternehmensqualitäten.
- Stellen Sie den Kunden mehrere Mitarbeiter in einem informellen Rahmen vor.
- Bieten Sie Kunden den Einkauf aus einer Hand über mehrere Mitarbeiter an.

2. Entwickeln Sie neben Superstars auch beständige Leistungsträger.

- Machen Sie Ihre Verfahren zur Auswahl und Einstellung von Mitarbeitern bekannt.
- Legen Sie Ihre Weiterbildungsmaßnahmen und -Methoden offen.
- Stellen Sie den Kunden gegenüber die Leistungen des Unternehmens und aller seiner Mitarbeiter heraus.
- Schenken Sie Details in Ihrer eigenen Organisation und der Ihrer Kunden Beachtung.

3. Sorgen Sie dafür, dass Ihre Kunden vom Weggang eines Mitarbeiters nicht überrascht werden.

- Benachrichtigen Sie Ihre Kunden möglichst früh.
- Geben Sie bekannt, wie der Übergang geplant ist.
- Seien Sie darauf bedacht, dass der ausscheidende Mitarbeiter oder eine Führungskraft den Nachfolger vorstellt.

- Fragen Sie nach dem Wechsel bei den Kunden nach, ob alles zu ihrer Zufriedenheit verlaufen ist.

Hinter diesen Bemühungen steht doch auch die Frage: *Wie müssen wir uns in diesem Unternehmen organisieren und wie müssen wir zuverlässig kommunizieren, damit das, wofür uns die Kunden bezahlen, stets im Zentrum unserer Aufmerksamkeit steht?*

Customer Relationship Scorecard: Checkliste Nachfolgend können Sie feststellen, inwieweit Sie sich vor einer Kundenfluktuation schützen und in diesem Zusammenhang Handlungsorientierungen Ihr Beziehungsmanagement erfolgreich gestalten (können).

Nutzen Sie zur Beantwortung der nachfolgenden Fragen Prozentwerte zwischen 0 und 100. 100 % hieße "Hervorragend im Griff..., bestens..., gegenüber anderen Unternehmen in der Realisierung meilenweit voraus¼". Wenn Sie die Zwischenergebnisse auf dieser Prozentangaben-Basis zusammenziehen, erkennen Sie am Gesamtergebnis sehr schnell, wie gut Ihr Kundenbeziehungsmanagement und damit die Kundenbindung ausgeprägt ist oder nicht: Je höher die Gesamtpunktzahl ist, desto besser ist Ihr Kundenbeziehungsmanagement.

Im Vergleich aller einzelnen Fragekomplexe sehen Sie ferner, in welchen Bereichen Ihr Unternehmen besser und in welchen nicht so gut und damit verbesserungsfähig ist. Dieses gilt für Unternehmen insgesamt, kann aber auch auf einzelne Bereiche, Abteilungen ebenso wie auf einzelne Teams hin angewandt werden. So können Sie durchaus auch einzelne Teams mit dem von Ihnen angenommenen Ergebnis des Unternehmens gesamt verglichen werden. Und: Sie können die Einschätzung auch für einzelne Kunden durchführen, beginnend bei den am meisten gewinnbringenden und/oder den am meisten referenzbildenden.

Werten Sie mit Ihren unterstellten Führungskräften und Mitarbeitern die Ergebnisse aus und erarbeiten Sie einen Aktionsplan für die kommenden sechs Monate mit Kontrollmaßnahmen. Wenn Sie selbst eine eher mittlere Führungsposition einnehmen, dann setzen Sie sich dafür ein, dass Ihre Einschätzungen und Vorschläge auf die Tagesordnung einer der nächsten Dienstbesprechungen des Bereiches / Direktorats¼ gesetzt werden. Ihr Engagement für Verbesserungen ist zugleich ein sehr gutes (Selbst-) Training in Sachen Beziehungsmanagement und Kundenbindung und rechtfertigt Ihr Vorschlagsrisiko. Denken Sie auch über die Art und Weise/ das WIE der Formulierung und des Herantragens Ihres Vorschlages und Ihrer konkreten Bewertungen und Vorschläge nach!

Orientierungen und Vorschläge stecken in den Fragen selbst. Wenn Sie sie zu Handlungsempfehlungen umformulieren, dann kommen Sie schnell zu dem gesuchten Aktionsplan, verstärkt und ergänzt durch das Erkennen und Auswerten momentaner Schwächen (Beispiele fallen Ihnen beim Durchgehen und Überprüfen der einzelnen Fragen ein!).

8 Fragenbereiche

1. Lassen Sie solche Mitarbeiter rotieren, die wichtige Ansprechpartner für Ihre Kunden sind?

- Bringen Sie Ihre Kunden systematisch, planmäßig mit mehreren (Kontakt-) Mitarbeitern in Verbindung?
- Haben Sie Ihre Kunden auf die Möglichkeit vorbereitet, dass einzelne Mitarbeiter mitunter wechseln, Sie aber für einen reibungslosen Ablauf für den Kunden Sorge tragen?
- Verfügen mehrere Mitarbeiter über alle wichtigen Kundeninformationen, oder weiß nur ein Kontaktmitarbeiter ausreichend Bescheid?
- Sind die wichtigsten Kundeninformationen in periodisch aktualisierten Kundenblättern oder in (begrenzt) zugänglichen Datenbanken im Unternehmen vorhanden?

Prozentwert: _____

2. **Bedienen Sie Ihre Kunden in Teams?**

- Besuchen Sie die besten Kunden mit einem Team an Mitarbeitern?
- Haben die Teammitglieder bestimmte Rollen, und wissen Ihre Kunden, welche diese sind? Können die Kunden zwischen "Hauptansprech"-Partner und "unterstützenden" Mitarbeitern unterscheiden?
- Fördern Sie den Aufbau von Beziehungen zwischen Ihren Geschäftskunden und ihren externen sowie den internen Verkaufs- und Servicemitarbeitern?
- Kommen einzelne Teammitarbeiter auch schon einmal ausserhalb konkreter Aufträge im Sinne der Kontaktpflege beim Kunden vorbei?
- Treten Sie persönlich (als Führungskraft) hin und wieder im Rahmen der Beziehungspflege (ggf. telefonisch) an ihre Kunden heran?

Prozentwert: _____

3. **Kultivieren Sie vielfältige Kontakte zu Ihren Kunden**?

- Fungieren Sie für Ihre Kunden als "Anbieter aus einer Hand", der mehrere Bedürfnisse befriedigt?
- Stellen Sie gut koordinierte vielfältige Kontakte her, um unterschiedlichen Aspekten der Geschäftstätigkeit Ihrer Kunden gerecht zu werden?
- Verlangen Sie von Ihren Mitarbeitern, andere in Ihrem Unternehmen über Ihren Geschäftsverkehr mit Kunden zu informieren?
- Unterstützen Sie den sozialen Umgang zwischen Ihren Kunden und mehreren Mitarbeitern Ihres Unternehmens (zum Beispiel in Clubs, ehrenamtlicher Tätigkeit, Assoziationen...)?
- Organisieren Sie hin und wieder gemeinsame Kundenveranstaltungen, an denen auch die Betreuungsteams und Mitarbeiter teilnehmen?

Prozentwert: _____

4. **Sorgen Sie dafür, dass im Bewusstsein Ihrer Kunden ein starkes Image Ihres Unternehmens entsteht bzw. bestehen bleibt?**

- Verfügt Ihr Unternehmen über ein charakteristisches (eigenes) Unternehmensimage, das über den Auftritt einzelner Mitarbeiter hinausgeht und möglicherweise auch schriftlich fixiert ist (Zeitungsberichte, Referenzen, Broschüren...)?
- Beteiligt sich Ihr Unternehmen - in der Öffentlichkeit sehbar - an gemeinschaftsfördernden, regionalen und wohltätigen Aktionen?
- Wissen das auch Ihre Mitarbeiter, und vertreten sie diese Unternehmensaktionen auch stolz in der Öffentlichkeit?
- Verfügen Sie über Strategien, um die Öffentlichkeit über Patente, Produktentwicklungen und andere geistige Eigentumswerte des Unternehmens, über sein Kompetenzkapital und dessen gesellschaftsrelevanten Wirkungen zu informieren?
- Weiss die Öffentlichkeit, wie Ihr Unternehmen (Ihre Abteilung...) sowohl fachliche als auch überfachliche Kompetenzen (sozial-kommunikative, personale, Aktivitäts-/ Umsetzungskompetenzen) der Führungskräfte und Mitarbeiter fördert?

Prozentwert: _____

5. **Informieren Sie die Öffentlichkeit über Ihre anspruchsvollen Auswahl-, Einstellungs- und Weiterbildungsverfahren?**

- Wissen Ihre Kunden, nach welchen Regeln Sie Ihre Mitarbeiter auswählen und wie Sie sie danach ausrichten?
- Wissen Ihre Kunden überhaupt, dass Sie hohe Maßstäbe an Ihre Mitarbeiter stellen? Hat sich das auch bei Ihren Bewerbern herumgesprochen?
- Setzen Sie Ihre Kunden davon in Kenntnis, wenn Ihr Unternehmen als ein besonders leistungsstarker oder als ein besonders mitarbeiterfreundlicher Arbeitgeber Anerkennung findet?
- Stellen Sie in ihren öffentlichen Auftritten deutlich heraus, wie wichtig Ihnen das Verhältnis zu fachlichen Kompetenzen sowie zu überfachlichen Kompetenzen ist und was Sie gerade zur Erweiterung letzterer unternehmen?

Prozentwert: _____

6. **Informieren Sie die Kunden über die berufliche Kompetenzentwicklung durch Weiterbildungsmaßnahmen, die Ihre Kundenbetreuer betreffen?**

- Wissen Ihre Kunden von den kompetenzfördernden Weiterbildungsmaßnahmen in Ihrem Unternehmen?
- Wissen die Kunden von Ihren Bemühungen um eine systematische Verknüpfung und Nutzung der unterschiedlichen Lernformen: organisiertes und selbstorganisiertes Lernen, Lernen expliziten und impliziten Wissens--- und den damit verbundenen Förderprogrammen in Ihrem Unternehmen?
- Wie erfahren die Kunden von den unternehmensspezifischen Trainingsmaßnahmen?
- Nutzen Sie bewusst unterschiedliche Informationswege und -Instrumente?
- Informieren Sie die Kunden über neue Weiterbildungsmaßnahmen und deren Erfolgskontrollen?
- Beziehen Sie einzelne Kunden bei der Planung und/oder Durchführung von Weiterbildungsmaßnahmen aktiv ein und berichten Sie darüber öffentlich?
- Laden Sie bestimmte Kunden (-Gruppen) zur Teilnahme an bestimmten internen Weiterbildungsveranstaltungen ein und werden diese Einladungen angenommen? Informieren Sie darüber Ihre Kunden?

Prozentwert: _____

7. **Heben Sie Ihre Mitarbeiter hervor, personifizieren Sie das Unternehmen gegenüber Dritten?**

- Versuchen Sie regelmäßig, mehrere Ihrer Mitarbeiter ins Rampenlicht zu rücken, statt lediglich immer dieselben zu nennen oder nur einen Star zu fördern?
- Nutzen Sie verschiedene Möglichkeiten, diese Hervorhebungen auch den Kunden bekannt zu machen (Briefe, Newsletter, Jahresbericht, Anruf mit Hinweis auf den direkten Betreuer...)?
- Bieten Sie ihren Kunden Vorträge durch Ihre Führungskräfte und/oder Mitarbeiter an?
- Verstehen es Ihre Mitarbeiter ausreichend, die besondere Qualität Ihres Unternehmens und sein Interesse selbst an Details zu vermitteln? Stimmt in diesem Zusammenhang auch das durch die Mitarbeiter vermittelte Erscheinungsbild (partnerschaftliches Auftreten, Kleidung, Visitenkarte, Prospekte, Informationen über weitere Bezugspersonen im Unternehmen...?

Prozentwert: _____

8. **Informieren Sie Ihre Kunden rechtzeitig über einen bevorstehenden Betreuerwechsel?**

- Benachrichtigen Sie Ihre Kunden (schriftlich oder mündlich, direkt oder über Dritte?) über Veränderungen bzgl. der wichtigsten Kontaktpersonen?
- Lassen Sie die Kunden wissen, wann die neuen Mitarbeiter bereitstehen und wie sie qualifiziert werden?
- Werden die neuen Mitarbeiter durch einen Schlüsselmitarbeiter, durch Sie selbst oder eine andere Führungskraft beim Kunden vorgestellt: vor Ort oder schriftlich oder per Telefon?
- Erkundigen Sie sich relativ kurz nach dem Wechsel beim Kunden, wie der Wechsel aus Sicht des Kunden verlaufen ist, ob dieser Fragen oder Vorschläge hat?

Prozentwert: _____

Gesamtwert:_____
(Summe aller Teil-Prozentwerte, dividiert durch acht)

Handeln Sie!

Egal, ob Sie 30, 55 oder 90 % insgesamt errechnet haben, Sie sollten im Rahmen Ihres Beziehungsmanagements etwas proaktiv unternehmen! Besonders wichtig ist das, wenn Sie im Durchschnitt unter 60 % liegen!!! Dann ist zu vermuten, dass Sie der Kundenbindung aus dem Betrachtungswinkel des Kunden bisher noch sehr wenig Aufmerksamkeit geschenkt haben. Andererseits wissen Sie nun um die Mängel vieler, auch alteingesessener Unternehmen und können nun in Vorhand gehen. Wenn Sie auf diesem Feld persönlich noch aktiver werden, trainieren Sie auch weitere Seiten Ihres Beziehungs- managements mit!

Erweiterung

Beziehungsmanagement richtet sich natürlich auch nach "innen" und umfasst letztlich alles, was die Zusammenarbeit mit anderen Führungskräften, Mitarbeitern und Kooperationspartnern und die damit verbundene Beziehungsqualität betrifft. In den Literaturempfehlungen werden weitere Quellen benannt, in denen Sie sich zu diesen erweiterten Fragen informieren können.

Schutz vor Übertreibungen

Personen mit einer außerordentlich hohen Ausprägung der sozial-kommunikativen Kompetenz können zu Übertreibungen neigen und sollten versuchen, letztere zu kontrollieren und bewusst zu dämpfen. Ihre an sich guten Voraussetzungen für ein effektives Beziehungsmanagement können sich sonst zu Blockaden Dritter und zum Gegenteil wenden. Kellner (1999) nennt drei besonders markante Übertreibungen, die hier wiedergegeben werden:

1. Entscheidungsscheu, wenn es um Dinge geht, die anderen wehtun könnten. Man möchte es jedem recht machen, keinen verletzen und schiebt schließlich notwendige Entscheidungen vor sich her.

2. Unangemessener "Pflegeinstinkt" gegenüber unbrauchbaren Mitarbeitern. Aus Mitleid werden von "netten Beziehungschefs" auch solche Mitarbeiter immer wieder mitgezogen und "motiviert", denen man längst die rote Karte hätte zeigen müssen.

3. Unangemessene Kumpanei. Aus dem Bestreben heraus, sich mit allen und mit jedem gut zu vertragen und womöglich anzufreunden, werden persönliche Beziehungen mit Mitarbeitern, Kunden und womöglich sogar Konkurrenten eingegangen. Das wissen die anderen recht bald auszunutzen.

Persönliche Maßnahmen

Was nehme ich mir für die nächsten 3 Wochen vor im Sinne einer Verbesserung meines Beziehungsmanagements?
(Stichworte)

Was werde ich zuerst und vorrangig tun? (Stichworte)

Wie kontrolliere ich die Resultate? (Stichworte)

Wo werde ich mich weiter zum Thema „Beziehungsmanagement"
informieren? (Stichworte)

Für weitere Informationen
empfehlen wir folgende
Bücher:

Neben der schon aufgeführten Veröffentlichung von
Bendapudi/Leone empfehlen wir folgende Bücher:

Glas, N.: Management Master Class. ECON Verlag, Düsseldorf und
München 1997. ISBN 3-430-13254-1

Kellner, H.: Sind Sie eine Führungskraft? Campus Verlag,
Frankfurt/New York 1999. ISBN 3-593-36283-X

Zu dieser Kompetenz bietet
das Unternehmen folgende
Maßnahmen an:

....

2.2 Talent-Coaching

Coaching bietet in professioneller Form eine individuelle Beratung (oder Gruppen-
beratung) im beruflichen Kontext an. Coaching ist eine Hilfe zur Selbsthilfe und macht
verdeckte Ressourcen sichtbar und nutzbar. Es ist eine besondere Form der arbeits-
bezogenen Selbstreflexion und unterstützt einen Perspektivenwandel und eine Wahr-
nehmungserweiterung, insbesondere in Bezug auf das individuelle Selbstmanagement.
Im Mittelpunkt des Talent-Coachings stehen die Zielbestimmung (Was will ich erreichen? Wie und mit welchen „Kosten" komme ich dahin?), reflexive Selbstchecks,
Erfahrungstransfer, Aufgaben (insbesondere zur Erhöhung der Eigen-Macht und zur
aktiven Arbeitsgestaltung) und daran gekoppeltes Feedback. Der Coachee wird
ermutigt, zu explorieren, zu experimentieren, Verantwortung zu übernehmen, andere
einzubeziehen, zu delegieren, differenzierter wahrzunehmen und zu verstehen.
Coaching soll die Potenziale entfalten und die Performance steigern.
Talent-Coaching kann sowohl die individuelle Beratung und das persönliche Feedback als auch Trainingstools einbeziehen, die dazu beitragen sollen, dass die Coachees
alltägliche Dinge anders sehen und sie besser und effizienter zu machen. Damit trägt
das Coaching auch zur Erhöhung des individuellen Wohlbefindens – als wichtiger Teil
der Gesundheit – bei.

Coaching hat eine deutliche Nähe zu anderen Beratungsformen wie Einzelsupervision, Mediation, Training oder Consulting. Allerdings kann der Coach weder einen Supervisor noch einen Fachberater ersetzen.

2.3 Talent-Mentoring

Mentoring ist ein Prozess der Weiterentwicklung einer Person mit dem Ziel, zukünftig höhere Funktions- und Tätigkeitsanforderungen erfüllen zu können. Mentoring setzt an entdeckten Talenten an und kann sehr konkret oder relativ unspezifisch in Bezug auf bestimmte Funktionen oder Tätigkeiten sein.

Der Mentor (oder die Mentorin) ist ein erfahrener Ratgeber, der das eigene Wissen und die eigenen bewährten Erfahrungen an eine – auf diesem Gebiet bedeutend unerfahrene – Person (= Mentee) weitergibt. Der Mentor vermittelt insbesondere organisationsspezifisches Wissen, impliziert eine karrierebezogene Beratung und erhöht die Bindung der Mentees an das Unternehmen.

Wenn es dem Mentor gelingt, *emotions- und motivationsaktivierend* auf die zu betreuende Person einzuwirken, dann ist ein gutes Fundament für die Kompetenzentwicklung in den intendierten Richtungen gelegt. Im Gegensatz zum Coaching bezieht der Mentor keine neutrale Haltung gegenüber dem Mentee, sondern engagiert sich persönlich in hohem Maße für Person und Unternehmen. Das kommt der griechischen Mythologie nahe, in der Pallas Athene in Gestalt eines weisen Greises, Namens Mentor, die Erziehung des Sohnes von Odysseus und seiner Frau Penelope, Telemach, übernahm.

Ein über eingegrenzte fachliche Fragen hinausführendes Mentoring kann vor allem in den folgenden Richtungen gute Effekte bewirken:
- Erhöhung der Belastbarkeit und Beständigkeit unter Stress
- Verbesserung des individuellen Beziehungsmanagements (zum Beispiel durch Einführung in bestehende Netzwerke und gemeinsame Erweiterung dieser)
- Verbesserung der Anpassungsfähigkeit an neue Anforderungen
- Erhöhung der Sicherheit und der erfolgreichen Arbeit in unterschiedlichen nationalen sowie internationalen Kulturen
- Verstärkung der Fähigkeit, gleichsam aus der Vogelperspektive Situationen zu betrachten und zu werten
- Verbesserung des eigenen ziel- und ergebnisorientierten Handelns, Erarbeitung persönlicher Strategien der Karriereentwicklung
- Verbesserter Umgang mit betrieblichen Krisensituationen
- Auffinden von alternativen innovativen Lösungswegen in neuen, schier unlösbaren Problemsituationen
- Langfristige Bindung der Mentees an das Unternehmen.

Früher wurde Mentoring in der Regel im Rahmen der Führungsnachwuchskräfte-Förderung eingesetzt, in den letzten Jahren zunehmend auch bei besonderen Spezialisten ohne direkte Führungsverantwortung, bei Projektmanagern und nun zunehmend bei Talenten in den verschiedenen Bereichen und Zielgruppen. In allen diesen Fällen gilt es, eine personale Förderung *außerhalb* des üblichen Führungskraft-Mitarbeiter-Verhältnisses vorzunehmen. Und dazu bieten sich verschiedene Mentoring-Formen an:

- **Internes individuelles Mentoring**: ohne direkte Arbeitsbeziehung und Unterstellungsverhältnis, mindestens zwei Hierarchiestufen entfernt)
- **Externes individuelles Mentoring**: Mentor kann ein früherer Angehöriger des Unternehmens (Pensionär) oder eine erfahrene Person aus einem anderen betrieblichen Umfeld sein
- **Übergreifendes (Cross-) Mehrpersonen-Mentoring**: Mentees aus verschiedenen Unternehmen oder Unternehmensteilen unterschiedlicher Branchen
- **Gruppen-Mentoring**: Betreuung einer Förder-Zielgruppe durch einen Mentor, zum Beispiel besondere Talente im F&E-Bereich
- **Team-Mentoring**: Betreuung eines Teams durch einen Mentor parallel zum Arbeitsprozess
- **Mentoring für Auszubildende**: Unterstützung im Studium, Vermittlung von Einblicken in die Berufswelt und spätere Tätigkeiten, Einbindung in ein Netzwerk.

Das Mentoring selbst kann als Cross-Gender-Mentoring oder als Equal-Gender-spezifisch verlaufen und schließt heutzutage auch zunehmend EMentoring-Formen (mit Online-Mentorbeziehungen) ein.

2.4 Talent-Mäzenat

Die Bezeichnung Mäzen rührt von dem Etrusker Gaius Cilnius Maecenas her, der Dichter wie Vergil und Horaz förderte. Im Gegensatz zum Sponsoring und zum Euergetismus liegt dem Mäzenat keine geschäftliche Nutzenerwartung, keine gezielte Beeinflussung der öffentlichen Meinung und keine Machtdemonstration zu Grunde. Der Mäzen handelt altruistisch, verwirklicht eigene Ideale und handelt rein freiwillig. Viele Mäzene möchten sogar in der Öffentlichkeit ungenannt bleiben.

Der ideale interne oder externe Sponsor weiß und versteht, was nötig ist und kümmert sich um das Erreichen hoher Ergebnisse und die beschleunigte Profilierung des zu Fördernden. Das Mäzenat öffnet in der Regel Türen, beseitigt Barrieren, unterläuft bürokratische Prozesse und ermöglicht den zu Fördernden verbesserte und beschleunigte Arbeits- und Entwicklungsbedingungen. Durch diese Art begünstigter Projektbearbeitungen werden die Talente für die Senior Executives und andere Entscheider bekannt und attraktiv und verbessern ihre Chancen im Unternehmen.

Während das Mäzenatentum früher mit einer Unterstützung durch Geld oder geldwerten Vorteilen (zum Beispiel verbilligte Übernahme von Aufträgen, Sachmittelbereitstellung, Tombolapreise u.v.a.m.) gleichgesetzt wurde, schließt das Talent-Mäzenat vor allem immaterielle Unterstützung und Netzwerkvermittlungen ein.

Zwei Beispiele aus jüngerer Zeit seien hierzu angeführt.

Beispiel 1: Der bekannte Erfinder-Unternehmer Hans Sauer (**www.hss.de**) gründete 1990 in Deisenhofen die Hans-Sauer-Stiftung mit der Zielstellung, „Erfindungen, die der Allgemeinheit dienen und evolutionsorientiert sind, zu unterstützen. Evolutions-orientiert sind Erfindungen, wenn sie auf die Natur Rücksicht nehmen, indem sie einen sparsamen Umgang mit den Ressourcen bewirken; unsere Lebensgrundlagen Boden, Luft, Wasser und die Atmosphäre nicht belasten; Werte schaffen, welche die Lebens-qualität erhöhen; den Menschen bei der Lösung ihrer Probleme und Aufgaben behilf-lich sind".

Unter anderem schrieb die Stiftung mehrjährig an der Technischen Universität Dresden studentische Wettbewerbe dergestalt aus, dass Studenten der Ingenieur-wissenschaft neben ihrer Diplomarbeit mit innovativen Ergebnissen (zum Beispiel im Rahmen der Arbeit entwickelten Erfindungen) eine zweite Arbeit anfertigten, in der sie die Genese ihrer wissenschaftlich-technischen Innovationen beschrieben. Die besten Arbeiten wurden prämiert, und der Sieger wurde eingeladen, mehrmonatig als Gast der HSS in Deisenhofen an weiteren interessanten Projekten zu arbeiten. Damit war die Nutzung der gesamten Infrastruktur sowie des Netzwerkes der HSS und von Hans Sauer persönlich zu nutzen. Zum Kuratorium der HSS gehörten zur damaligen Zeit der Präsident des Deutschen Patentamtes, bekannte Erfinder-Unternehmer wie Artur Fischer und Ludwig Bölkow und andere Persönlichkeiten, die sich als Multi-plikatoren offen hielten.

Beispiele 2: In einem einjährigen berufsbegleitenden Kreativitätstraining mit Talenten aus der Industrieforschung verschiedener deutscher Unternehmen mit klaren Ergebnis-erwartungen wurden emeritierte Professoren als Mentoren gesucht, die sich sowohl als fachliche Betreuer für einzelne Teilnehmer bereithielten als auch für diese Türen öffneten und Kontakte zu anderen namhaften Spezialisten und F&E-Einrichtungen ermöglichten. Von zehn angesprochenen Professoren engagierten sich sieben sehr erfolgreich und schätzten den gegenseitigen Nutzen als beträchtlich ein. Insbesondere die intensive Kommunikation und Interaktion sowie die nennenswerten Arbeits-ergebnisse und die zwischenmenschlichen Bereicherungen zwischen Alt und Jung bereicherten beide Seiten und hinterließen deutliche Prägungen und Spuren.

2.5 Talent-Erfahrungsaustausch

Der viel zitierte Erfahrungsaustausch (Erfa) zwischen unterschiedlichen Experten bringt in der Regel bei weitem weniger als erhofft. Neben vielen formalen Behinde-rungsfaktoren (Unzureichende Zielstellung und Moderation, Uninteressiertheit der Anwesenden, Diskussionsbeherrschung durch Einzelne…) kommt ein wesentlicher Aspekt noch hinzu: Zwar kann man formales Wissen austauschen, jedoch die kom-plexen Erfahrungen, die zu bestimmten Zeiten unter bestimmten Umständen mehr-sinnlich erworben und „gespeichert" wurden, können nicht in ihrer Verdichtung „so einfach einmal abgerufen" werden. Es braucht bestimmte Bahnungen zu den ganzheit-lich gespeicherten Erfahrungen, es braucht einen emotionalen Erinnerungsschlüssel zu früheren Handlungssituationen.

Der Talent-Erfahrungsaustausch setzt somit voraus, dass sich unterschiedliche Talente in bestimmten Abständen für zwei Stunden treffen und nach gemeinsamen Lösungen suchen. So können Widerstände im Unternehmen im Rahmen der Talenteförderung ein Thema für einen Erfa sein, in dem es darum geht festzustellen, wer schon einmal an anderer Stelle einem ähnlichen Problem gegenüberstand, wie erfolgreich oder nicht zufrieden stellend dieses Problem gelöst wurde und was daraus schließlich gelernt wurde. Wesentlich ist, dass über wichtige Fragen gesprochen wird, die Ausgangssituation so deutlich wie möglich allen dargestellt wird und die Akteure authentisch ihre (Lebens-)Erfahrungen zur Diskussion stellen. Unter diesen Bedingungen wird es einen Commonsense und ähnliche Emotionen geben und die Akteure fühlen sich im Kern angesprochen. Das ist ein schmaler, aber wirkungsvoller Weg, durch einen Erfa Kompetenzentwicklungen anzustoßen.

Da solche Erfa sehr anspruchsvoll sind und die Organisatoren sehr stark bzgl. ihrer eigenen Personalen Kompetenz fordern, gibt es in der Praxis diese Form der Kompetenzentwicklung leider nur sehr selten.

2.6 Hybrides Funktionstraining

Das Hybride Funktionstraining bietet sich als eine sehr effiziente Form der Führungs-NachwuchsKräfte-Entwicklung an, wird jedoch auf Grund des damit verbundenen Organisations- und Steuerungsaufwandes (leider) nur selten genutzt. Insbesondere für KMU hat das HFT viele Vorteile.

Ziel des Hybriden Funktionstrainings ist, in einem überschaubaren Zeitraum Talente auf eine Führungsfunktion vorzubereiten, sie zugleich an das Unternehmen zu binden und weitere Führungskräfte im Rahmen von gezielten Weiterbildungsmaßnahmen und durch Mentorentätigkeiten zu qualifizieren. Es wird ein Teilsystem mit globalen Wirkungen auf das Gesamtsystem aktiviert.

Im Mittelpunkt des Hybriden Funktionstrainings steht die Kombination von gezielten Weiterbildungsmaßnahmen einer Gruppe von Talenten, der Verallgemeinerung der Weiterbildungsergebnisse in das Unternehmen hinein und die Arbeit der Talente an zusätzlichen innovativen Projekten des Unternehmens mit konkreten Ergebnis- und Zeitvorgaben und individuellen Betreuern und Mentoren.

Der Gesamtprozess kann 14–20 Monate dauern und setzt 22–26 Anwesenheitstage der TeilnehmerInnen voraus, also je nach Gesamtdauer 1-2 Tage pro Monat.

Die wichtigsten Schritte des Hybriden Funktionstrainings sind:
* Auswahl besonders zu fördernder Talente.
* Zuordnung von anspruchsvollen innerbetrieblichen Projekten, Beratungsaufgaben, die im Förderzeitraum einzeln oder in Kleingruppen bearbeitet werden und die die Lernergebnisse einfließen sollen. Die Projektbearbeitung ist Bestandteil der Förderung und der gegenseitigen sachlichen Entwicklungsverpflichtung.

- Zuordnung von Betreuern und Mentoren zur Projektbearbeitung auf hohem Niveau und zur Gewährleistung der späteren Nutzung der Ergebnisse im Unternehmen.
- Inhouse-Weiterbildungsveranstaltungen und Trainings zu wichtigen Führungsaufgaben und -Instrumenten und Konsultationen mit den Dozenten und Trainern.
- Gemeinsame Vorbereitung von vierteljährlich stattfindenden Präsentationen und Weiterbildungsveranstaltungen für breitere Manager-Gruppen des Unternehmens durch die Mitglieder der Fördergruppe. Letztere sollen das Gelernte und Trainierte auf den Unternehmensalltag herunter brechen und das Wichtigste – verbunden mit eignen Erfahrungen – anderen Führungskräften vermitteln.
- Der Gesamtprozess wird an ein Kompetenzentwicklungs-Assessment gekoppelt, und es erfolgen während des Prozesses mehrfach Entwicklungsauswertungen und Feedbacks.

Das Hybride Funktionstraining verbindet somit Weiterbildung, Training, innovative Problembearbeitung, Betreuung und Mentoring, anspruchsvolles Teamwork in der Fördergruppe sowie überzeugenden Wissens- und Erfahrungstransfer miteinander. Es verbindet Formen der Personalentwicklung und Organisationsentwicklung sinnvoll miteinander und orientiert auf eine mehrdimensionale erfolgreiche Kompetenzentwicklung: individuell, Team, Organisation. Und: Mit einer erfolgreichen Projektbearbeitung vergrößert sich die Bedeutung des Einzelnen für das Unternehmen, wird die Identifikation des Einzelnen mit dem Unternehmen vergrößert – und die Förderaufwände des Unternehmens amortisieren sich durch eingesparte externe Beraterleistungen und die Anwendungseffekte.

2.7 Externe kompetenzorientierte Talententwicklung

Eine interessante Möglichkeit intensiver Talententwicklung ist die Kombination interner und externer Entwicklungen. Letztere schließen Top-Lehrgänge und duale Studienformen ein. Sie sind besonders für Jungakademiker und Hochschulabsolventen ohne größere Berufserfahrung sowie für FührungsNachwuchsKräfte interessant.

Als sehr erfolgreiche Unterstützungsangebote erweisen sich beispielsweise die dualen Studiengänge des Steinbeis-Transfer-Instituts Business Administration and International Entrepreneurship (STI) Herrenberg. In diesen Studiengängen steht der Nutzen für die Studierenden und für die in die Studien integrierten Unternehmen grundsätzlich im Mittelpunkt. Die systematische Bearbeitung von unternehmensrelevanten Projekten, der Transfer des vermittelten theoretischen und methodischen Wissens in die unternehmerische Praxis sowie Begleitung der Studierenden in einem Kompetenzfeedback- und Coachingprozess während der gesamten zweijährigen Studienzeit sind die zentralen Bestandteile der MBA- und MSc-Studiengänge.

Die Unternehmen selbst profitieren durch die Projektarbeiten mit hoher Unternehmensrelevanz und Praxisorientierung sowie durch den deutlichen Entwicklungsschub der delegierten Talente.

Diese Form der Talententwicklung hat Ähnlichkeiten mit der Talent-Entwicklungsmethode HFT.

Der Vorteil jedoch liegt in dem hohen europäischen Studienniveau, in der externen Betreuung und im Coaching durch Spitzenkräfte sowie in dem sich aufbauenden Networking mit Talenten aus den verschiedensten Branchen und Unternehmen. Letzteres erweist sich später als wichtiger Kompetenzverstärker sowohl für den einzelnen Studierenden als auch für die Unternehmen.

2.8 Kompetenzentwicklung mit Web 2.0

Es ist bekannt, dass sich das klassische E-Learning für die Wissensweitergabe hervorragend, für die Kompetenzentwicklung jedoch nur schlecht eignet. Das ist mit der Weiterentwicklung und intensiven Nutzung des so genannten Web 2.0 grundsätzlich anders geworden. Zum Beispiel haben Erpenbeck und Sauter in einer neueren Arbeit zur „Kompetenzentwicklung im Netz" (2007) herausgearbeitet, dass und wie sich Instrumente des Web 2.0 hervorragend für Aufgaben der Kompetenzentwicklung einsetzen lassen. Wir stellen kurz das Methodenpaket vor, das die Autoren KOBLESS tauften (*KO*mpetenzentwicklungssysteme mit *B*lended *LE*arning und *S*ocial *S*oftware) und zeigen dann an Beispielen, dass sich dieses vorzüglich für Aufgaben der Kompetenzentwicklung im Zusammenhang mit Talentmanagement eignet.

Der Verfahrensvorschlag *KOBLESS* ermöglicht Lernprozesse mit dem Ziel, die Fähigkeit zur selbstorganisierten Problemlösung zu ermöglichen („Ermöglichungsdidaktik"). Dabei werden Arbeitsprozesse und Projekte als Katalysatoren der Kompetenzentwicklung genutzt: Erst bei der Lösung von Praxisproblemen, in realen Entscheidungssituationen werden die notwendigen Lernprozesse („Emotionale Labilsierungsprozesse") initiiert, um Kompetenzen handlungswirksam zu verankern. „Emotionale Labilsierungsprozesse" meint: Erleben und Bewältigung von Dissonanzen im Sinne von Zweifel, Widersprüchlichkeiten oder Verwirrungen. Werden die Dissonanzen gelöst, entstehen neue Lösungsmuster.

Das „neue" Lernen sieht Lerner als gleichberechtigte Partner, sowohl in der Kommunikation mit anderen Lernpartnern, als auch mit Tutoren, Coaches und Trainern. Sie erzeugen gemeinsam und in einem mehrgliedrigen Prozess Kompetenzen – auf Seiten der Lernenden *und* der Lehrenden. Die Entwicklung vom Web 1.0 zur Welt des Web 2.0 zeigt in die gleiche Richtung. Aus dem suchenden Nutzer vorhandener Webinhalte wird ein aktiver Mitgestalter des Web, der eigene Erfahrungen in das System einbringt und in der Kommunikation mit seinen Netzwerkpartnern zu gemeinsamem Wissen weiter entwickelt. Diese Veränderungen finden sich in *KOBLESS* wieder.

New Blended Learning mit Web 2.0 („Social Software")
Blended-Learning-Konzepte haben sich seit der Jahrtausendwende, vor allem in größeren Unternehmen, durchgesetzt. Blended Learning verstehen wir dabei als Lernarrangements, die verschiedene Lern- und Sozialformen mit Präsenzveranstaltungen, Projektlernen sowie selbstorganisierten Lernphasen auf der Basis von E-Learning bedarfsgerecht miteinander verknüpfen. Dies kann an folgendem Beispiel verdeutlicht werden, welches die erste Phase dieses Entwicklungsprozesses widerspiegelt.

Abb. 21: Lernarrangement zur Kompetenzentwicklung mit Blended Learning und Web 2.0
Instrumenten (Social Software)

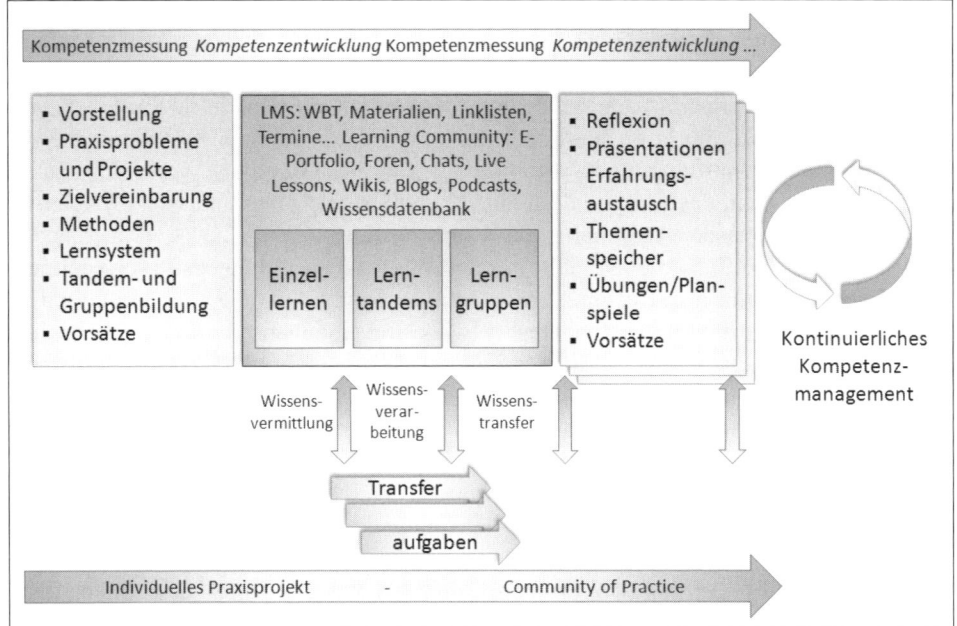

Diese Konzeption ist durch folgende wesentliche Elemente gekennzeichnet:

- Der Blended Learning Prozess startet mit einer **Eröffnungsveranstaltung (Kick-off)**, in der die Lerner in die Methodik des Blended Learning eingeführt werden, Lernpartnerschaften und Lerngruppen bilden, ihre persönliche Lernstrategien entwickeln und verbindliche Vereinbarungen für die Selbstlernphase treffen.
- Dem Kick-off folgt eine mehrwöchige **Selbstlernphase**, die auf dem problemorientierten Web Based Trainings zur Wissensvermittlung und -verarbeitung basiert. Das WBT steuert den Lernprozess über **standardisierte Aufgaben** für das Einzel- bzw. Partnerlernen und **offene Aufgaben (Transferaufgaben)** für die Tandems und Lerngruppen. Diese Lösungen können über die Learning Community, aber auch im Workshop diskutiert werden. Diese Selbstlern-Prozesse werden durch den Tutor flankiert.
- Der **abschließende Workshop** wird damit von der reinen Vermittlung des Basiswissens entlastet. Es wird dort bei Bedarf vom Trainer noch weiterführendes bzw. unternehmensspezifisches Wissen vermittelt. Die Lerner bringen ihre offenen Fragen über einen Themenspeicher ein und präsentieren im Workshop in den Gruppen entwickelte Lösungsvorschläge, die mit dem Trainer diskutiert und evtl. gemeinsam weiter entwickelt werden. Abschließend werden Vereinbarungen für die Umsetzung in der Praxis getroffen.
- Über die **Community of Practice** wird der gemeinsame Prozess der Kompetenzentwicklung systematisch weiter geführt. In regelmäßigen Abständen bietet es sich an, Workshops zum Erfahrungsaustausch durch zu führen.

Was ist nun neu am „New Blended Learning mit Web 2.0"? Aus Sicht von Erpenbeck und Sauter sind hier u.a. folgende Aspekte hervor zu heben:

- Die Möglichkeiten und Ziele der Kompetenzentwicklung leiten sich aus einer vorangegangenen systematischen Kompetenzerfassung ab.
- Die Lerner übernehmen die Verantwortung für ihre Kompetenzentwicklung und nutzen aktiv die Instrumente der Kompetenzentwicklung sowie ihr Netzwerk aus Lernpartnern, Tutoren, Coaches und Trainern auf der Basis ihrer E-Portfolios.
- Die Wissensvermittlung und -verarbeitung auf der Grundlage von Web Based Trainings ist nicht das Ziel, sondern eine Voraussetzung unter anderem für den umfassenden Prozess der Aneignung von Kompetenzen.
- Web Based Trainings dienen nicht nur der Wissensvermittlung und -verarbeitung, sondern können über offene, problemorientierte Aufgaben erste kognitive Dissonanzen als Basis der Kompetenzentwicklung erzeugen.
- Der Entwicklungsprozess schließt systematisch Transferphasen ein, die in reale Entscheidungssituationen im Rahmen von Projekten oder Praxisaufgaben münden.
- Erfahrungsaustausch und Problemlösung in Netzwerken bilden den Kern der Entwicklungsprozesse.
- Wikis, Weblogs und weitere Instrumente des Web 2.0 erweisen sich als hervorragend geeignet, systematische Kompetenzentwicklung zu ermöglichen und so das Netz(-werk)lernen fruchtbar zu machen.
- New Blended Learning bildet damit die Brücke zwischen den innovativen Bereichen Kompetenzentwicklung und Social Software.

Implementierung der Kompetenzentwicklung

Kompetenzentwicklung kann nur erfolgreich umgesetzt werden, wenn sie sich an Unternehmenszielen ausrichtet. Der Implementierungsprozess für Kompetenzentwicklung setzt dabei voraus, dass sich die Denk- und Handlungsweisen aller Beteiligten, vom Lerner über die Trainer, Coaches bzw. Tutoren bis zu den Führungskräften, grundlegend verändern. Deshalb ist die Implementierung von Kompetenzentwicklungssystemen als ein unternehmensweites Veränderungsmanagement zu gestalten.

Kompetenzentwicklung erfordert deshalb eine Neupositionierung des Bildungsmanagement. Insbesondere ist eine Fokussierung auf folgende strategischen Aufgabenfelder erforderlich.

Abb. 22:   Handlungsfelder der Kompetenzentwicklung

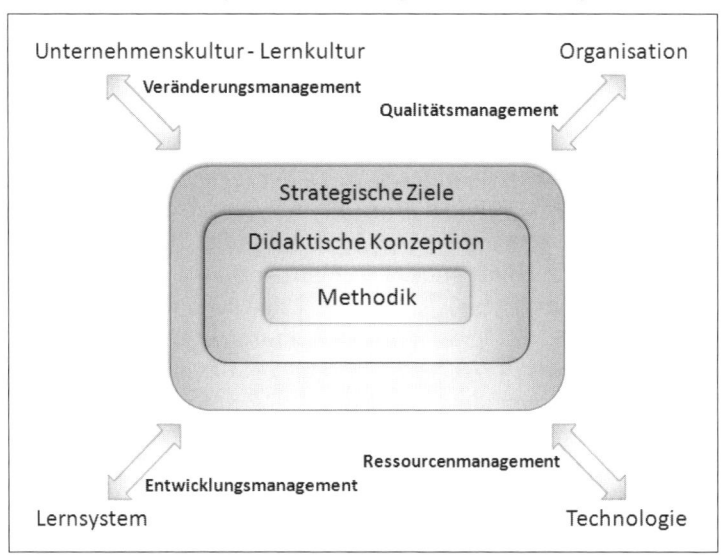

Im Kern dieses Ansatzes sind vier zentrale Handlungsfelder zu bearbeiten:

- *Unternehmens- und Lernkultur:* Die Mitarbeiter sind im Regelfall formelle Lernprozesse, vielfach noch mit einer traditionellen Methodik, gewohnt. Es sind deshalb Systeme notwendig, die einen behutsamen Veränderungsprozess der Beteiligten ermöglichen. Das Bildungsmanagement hat die Führungskräfte und Mitarbeiter dabei zu unterstützen, die notwendigen Rahmenbedingungen für Kompetenzentwicklungsprozesse zu schaffen. Damit wird Bildungsmanagement zum *Veränderungsmanagement*.

- *Organisation:* Die Einführung von *Kompetenzentwicklung mit Blended Learning und Social Software* bedingt Veränderungen der Strukturen, Prozesse und Rollen im gesamten Unternehmen. Das Kompetenzentwicklungskonzept ist deshalb in Hinblick auf die Verknüpfung mit den bestehenden Organisationssystemen zu optimieren. Bildungsmanagement wird zum *Qualitätsmanagement*.

- *Lernsystem:* In einem dynamischen Prozess wird das Kompetenzentwicklungssystem für die zukünftigen Anforderungen der Unternehmung konzipiert. Es umfasst die erforderlichen Entwicklungsmaßnahmen für Trainer, Autoren und Führungskräfte sowie Inhalte, Methoden und Instrumente für Kompetenzentwicklungssysteme. Bildungsmanagement wird zum *Entwicklungsmanagement*.

- *Lerntechnologie:* Kompetenzlernen erfordert eine Lerntechnologie, die mit der vorhandenen IT verknüpft werden muss. Das *Technologiemanagement* sorgt dafür, dass die Anforderungen aus dem Kompetenzentwicklungssystem erfüllt werden.

KOBLESS schafft die Basis für die notwendigen Implementierungs- und Veränderungsprozesse. Der Verfahrensvorschlag wird durch seinen „Ermöglichungscharakter" geprägt: Es wird nicht versucht, Kompetenzen wissensartig zu vermitteln, sondern die Bedingungen der Möglichkeit von Kompetenzentwicklungsprozessen zu optimieren.

> *Kompetenzentwicklungssysteme mit Blended Learning und Social Software können nur unter Einbeziehung der Betroffenen realisiert werden. Die hohe Komplexität des Implementierungs- und Veränderungsprozesses stellt dabei hohe Anforderungen an die Gestaltung der Projektarbeit.*

Aus der Erfahrung der zitierten Autoren in vielfältigen Projekten ergeben sich folgende Eckpfeiler einer erfolgreichen Implementierung:

- *Akzeptanz durch Kommunikation:* Die Akzeptanz aller Beteiligten ist die Basis für den Erfolg einer neuen Konzeption. Die Führungskräfte und Mitarbeiter sind deshalb frühzeitig in einen intensiven, dynamischen Kommunikationsprozess einzubinden. Es bietet sich an, diese Prozesse bereits mit den Instrumenten, z.B. mit Projekt-Blogs oder Projekt-Wikis, zu unterstützen, die in den späteren Kompetenzentwicklungsprozessen eingesetzt werden.

- *Akzeptanz durch praktischen Nutzen:* Der Nutzen der neuen Konzeption ist anhand realer Anwendungen „erlebbar" zu machen. Es hat sich deshalb bewährt, mit einer Pilotgruppe zu beginnen, die sich bereits im Arbeitsleben weitgehend selbstverantwortlich organisiert und eine möglichst große Affinität zu internet- bzw. intranetbasierten System hat.

- *Professionelle Lernprozessbegleitung:* Die Entwicklung von Kompetenzentwicklungsexperten, unabhängig davon, ob sie mehr planende oder mehr umsetzende Funktionen übernehmen, ist die notwendige Voraussetzung für den langfristigen Erfolg der Konzeption. Deshalb kommt der Kompetenzentwicklung der Kompetenzentwickler eine zentrale Bedeutung zu. Ergänzend sind die Führungskräfte entsprechend auf Ihre Rolle in den Kompetenzentwicklungsprozessen ihrer Mitarbeiter vorzubereiten.

Kompetenzentwicklung der Kompetenzentwickler

Die Planung und Umsetzung der Kompetenzentwicklungskonzeption stellt neue Anforderungen an die Kompetenzen der Gestalter und Begleiter dieser Lernprozesse. Wir gestalten den Entwicklungsprozess der zukünftigen Kompetenzentwickler nach dem *„Doppeldeckerprinzip".* Dies bedeutet, dass die Teilnehmer ihren Lernprozess aus zwei Perspektiven erleben, einmal als *Lerner* und in der Reflexion eigener Erfahrungen aus Sicht des *Lernprozessgestalters und -begleiters.* Damit wird Handlungssicherheit und Akzeptanz aufgebaut.

Parallel entwickeln die Teilnehmer für ihren Verantwortungsbereich eine eigene Konzeption der Kompetenzentwicklung und setzen diese um. Die zukünftigen Kompetenzentwickler erfahren mit den Kompetenzerfassungssystemen KODE® und KODE®X ihr persönliches Kompetenzprofil und erleben ihren individuellen Kompetenzentwicklungsprozess mit Blended Learning und Social Software (z.B. mit Wikis, Weblogs oder E-Portfolios) „am eigenen Leibe". Sie entwickeln dabei ein gemeinsames Wertesystem, erhalten Strukturierungshilfen, Rückmeldungen auf persönliche Planungskonzepte und bauen im kritischen Vergleich der Lösungskonzepte sowie in der reflektierten Nutzung der Systeme ihre Handlungssicherheit aus. Ziel ist, auf dieser

Basis eine dauerhafte Community of Practice zu entwickeln, die die gleichen Instrumente nutzt, wie die zukünftigen Lerner in den Unternehmen.

Eine Veränderung der Handlungsweisen kann nur in einem langfristigen Lernprozess mit Wechsel zwischen Workshops, selbstorganisierten, formellen Lernphasen und der konkreten Umsetzung in der Praxis erfolgen. Dabei hat sich folgende Grundstruktur bewährt.

Abb. 23: Kompetenzentwicklung der Kompetenzentwickler

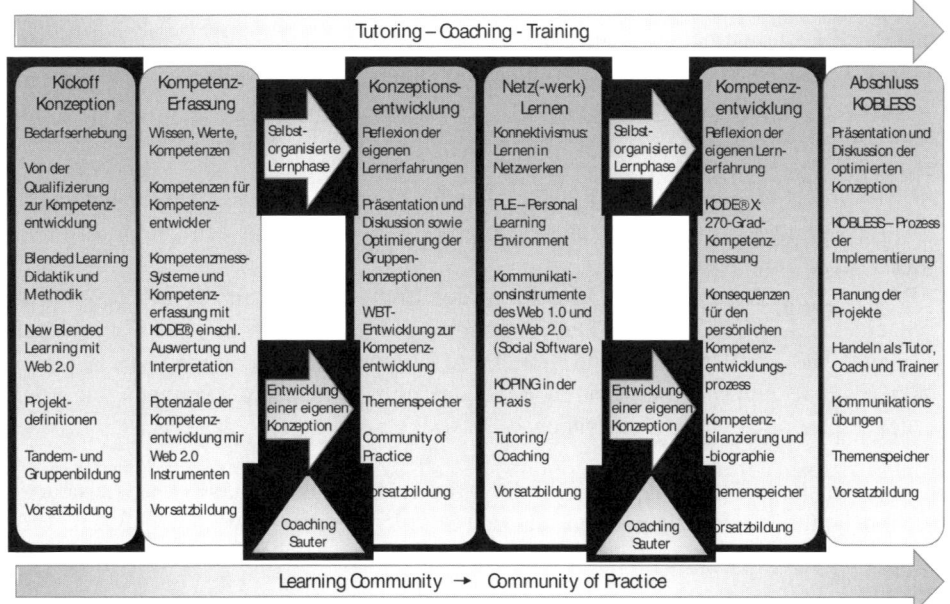

Die ersten Erfahrungen mit Kompetenzentwicklungssystemen in Verbindung mit New Blended Learning und Web 2.0 sind sehr ermutigend. Es lohnt sich, auf diesem Weg weiter zu gehen, da die Kompetenzentwicklung im Netz die Zukunft der Unternehmen maßgeblich mit entscheidet.

Seit mehreren Jahren bietet die Steinbeis-Hochschule Berlin – Institut eBusiness &Management – in Kooperation mit der Siemens AG – Professional Education (SPE) berufsbegleitende Inhouse-Studiengänge zum BBA und MBA für Nachwuchskräfte mit hohem Entwicklungspotenzial an. Das Angebot zum Master of Business Administration wurde konsequent auf die Anforderungen der Kompetenzentwicklung in realen Entscheidungssituationen („Labilisierung") hin ausgerichtet.

Die Herausforderung besteht darin, sowohl den Ansprüchen eines formalen Curriculums, aber auch den Anforderungen der Siemens AG in Hinblick auf die Kompetenzentwicklung ihrer Führungsnachwuchskräfte gerecht zu werden. Dieses Projekt Kompetenz-Studium wird aus diesem Grund als Lernarrangement gestaltet, in dem Blended Learning und Elemente des Wissensmanagements mit dem Ziel verknüpft werden, die zielgerichtete Kompetenzentwicklung der Studierenden zu ermöglichen. Deshalb kommt den Elementen der Kompetenzerfassung sowie der Erzeugung von

Dissonanzen, dem Labilisierungsprozess und den Entscheidungen in realen Problemsituationen eine besondere Bedeutung zu.

Formelles Lernen wird in dieser Konzeption mit informellem Lernen zielorientiert verknüpft. Der Prozess der Labilisierung basiert auf einem firmeninternen Projekt, das jeder Studierende in seinem Unternehmen bearbeitet und das von der jeweiligen Führungskraft („Business Mentor") sowie den Lehrkräften der Hochschule betreut und begleitet wird. Diese Projekte sind reale Aufgabenstellungen, die aufgrund ihrer Komplexität eine längerfristige Projektbearbeitung erfordern, die sonst eventuell an externe Unternehmensberatungen vergeben würden. Dieser Ansatz ist gegenüber der weit verbreiteten Fallstudienmethode aufgrund seines realen Charakters sehr viel besser geeignet, Dissonanzen und Labilisierung zu erzeugen.

Neben themenzentrierten Foren und Chats werden folgende Social Software-Elemente genutzt:

- *E-Portfolio*: Dokumentation der individuellen Lernkarriere mit Dokumenten und Ausarbeitungen sowie regelmäßige Kompetenzerfassung mit den Messinstrumenten KODE® und KODE®X.
- *Projekt-Blog*: Regelmäßige Darstellung der Entwicklungsschritte im Praxisobjekt in einem „Lern-Tagebuch". Die Lernenden geben sich jeweils Feedback, unterstützten sich bei Problemen und führen ihre Kompetenzen zusammen.
- *WikiWiki-Web(Wikis)*: Kommunikationstool, um gemeinsam Lösungen für komplexe, dissonante Transferaufgaben zu entwickeln.

Die Trainer und Dozenten coachen die Studierenden individuell. Die Lernenden tauschen laufend ihre Erfahrungen aus den Problemlösungsprozessen und den Projekten aus. Die „*Learning Community*" entwickelt sich schrittweise in eine „*Community of Practice*".

Mit diesem innovativen Ansatz für Management Development konnte das über viele Jahre bewährte und erfolgreiche MBA-Studienkonzept der Steinbeis-Hochschule konsequent in Hinblick auf die Anforderungen an die Kompetenzentwicklung der Führungskräfte in der Zukunft weiterentwickelt werden. Mit der Verknüpfung von Blended Learning, Social Software und Wissensmanagement wurde ein ganzheitlicher Ansatz zur Kompetenzentwicklung gestaltet, der insbesondere für global agierende Unternehmen zunehmend an Bedeutung gewinnen wird.

Schritt 7: Performance- und Entwicklungs-Nachweise

Kompetenzpotenzial-Portfolio, Kennzahlen und SOLL/IST-Vergleiche

Kennzahlen und Portfolios dienen dazu, Sachverhalte in komprimierter Form darzustellen. Sie systematisieren Themenkomplexe aus verschiedenen Perspektiven (z. B. Finanzen, Kunden, Mitarbeiter, Prozesse, Qualität, …) unter Berücksichtigung diverser Dimensionen (z. B. Zeit, Geld, Anteil, Wachstum, …).

Technisch werden die Ergebnisse häufig in Management-Informationssystemen (MIS) und Data Warehouse-Lösungen – sogenannter Business Intelligence – in unterschiedlichsten Darstellungsformen repräsentiert. Sie sind im betrieblichen Entscheidungsprozess unverzichtbar.

In diesem Abschnitt wird die Entwicklung eines Kompetenzpotenzial-Portfolios, die Bildung einer Kennzahl, sowie zugehöriger SOLL-IST-Vergleiche dargestellt.

Mit dem Kompetenzpotenzial-Portfolio soll Kritikpunkten konventioneller Kennzahlensysteme entgegengewirkt werden:

- Das Kompetenzpotenzial-Portfolio ist standardisiert, d.h., ein Benchmarking im Zeitablauf, in Bezug auf Tätigkeitsbereiche und/oder Organisationseinheiten ist möglich
- Die zugrunde liegenden Kompetenz-Definitionen sind durch ihre organisationsspezifische Ausrichtung für alle Beteiligten verständlich
- Die Systematik des Portfolios zeichnet sich durch Flexibilität aus. Änderungen der Rahmenbedingungen (z. B. Wettbewerbs- oder Globalisierungseinfluss) können in das Portfolio einfließen
- Neben dem Erkennen von Talenten ermöglicht das Portfolio auch das Talentmanagement – der Kritikpunkt, dass Kennzahlen in der Regel vergangenheitsbezogen sind, kann damit widerlegt werden
- Die Durchführung ist operativ durch ein Softwarepaket auch für größere Unternehmen möglich
- Durch die komprimierte Darstellung wird die Informationsflut eingedämmt – ein Überblicken der Situationen ist jederzeit möglich
- Das Portfolio ist ein Führungsinstrument, welches zwischen strategischer und operativer Ebene vermittelt.

Ein **Portfolio** beschreibt in der der Finanzwelt den Wertpapierbestand eines Anlegers. In Analogie dazu wird hier der Personalbestand (Einzelperson, Team, Organisationseinheit) darunter verstanden.

Das Kompetenzpotenzial-Portfolio ist ein Instrument zum Erkennen und Fördern von Talenten.

Prozessschritte

Voraussetzung für die analytische Anwendung des Kompetenzpotenzial-Portfolios ist eine „saubere" Konzeption. Die Basis liefert das KODE®X-Verfahren.

Abb. 24: Prozessschritte

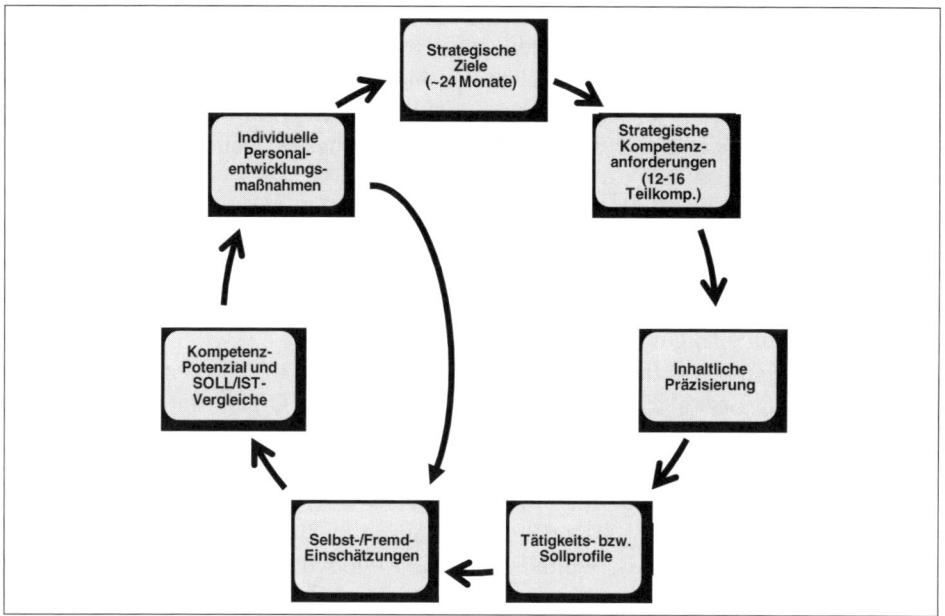

Zunächst werden die strategischen Ziele der nächsten 24 Monate formuliert bzw. auf diese zurückgegriffen. Dies geschieht in der Regel in einem moderierten Workshop durch Geschäfts- und/oder Bereichsleiter.

Aus der strategischen Betrachtung heraus werden die 12 bis 16 Teilkompetenzen (aus 64) gewählt, die diese Firmenstrategie abbilden. Um eine exakte organisationsspezifische Ausrichtung der Teilkompetenzen zu gewährleisten, erfolgt eine inhaltliche Präzisierung durch sogenannte Identifikationsmerkmale.

Im nächsten Schritt erfolgt die Beurteilung durch Selbst- und/oder Fremdeinschätzungen. Im Bereich des Talentmanagements kommt hier der Fremdeinschätzung der Führungskraft eine besonders hohe Bedeutung zu, da die Führungskraft die Beurteilung aus Sicht des Unternehmens – implizit also unter Strategie-Aspekten – durchführt. Selbst- und Fremdeinschätzung durch Mitarbeiter können jedoch verifizierend hinzugezogen werden.

Es folgt die Darstellung in Form von GAP-Analysen (z. B. 360°-Vergleich zwischen Sollprofil und Einschätzung) und Kompetenzpotenzial-Portfolio. Aus der Identifikation der Talents leiten sich nun differenzierte Entwicklungs- und Fördermaßnahmen ab.

Der Zyklus schließt sich, indem die Einschätzungen in festgelegten Zeitintervallen wiederholt werden und/oder die Basisparameter (Strategie, Identifikationsmerkmale, Sollprofile) redefiniert werden.

Tätigkeits- bzw. Sollprofile

Ein Tätigkeits- bzw. Sollprofil besteht aus 12 bis 16 Teilkompetenzen, die organisationsspezifisch hinterlegt sind.

Jede Teilkompetenz (z. B. Ergebnisorientiertes Handeln) wird anhand eines Zielkorridors (SOLL-Kanal) definiert. Der SOLL-Kanal gibt die gewünschte Ausprägung der jeweiligen Kompetenz ab. Anhand der Identifikationsmerkmale, die jeder Teilkompetenz hinterlegt sind, erfolgt später die Einschätzung. Die Skala mit 12 Werten wurde gewählt um von einem klassischen Schulnoten-System zu abstrahieren.

Jedes Intervall ist mit Minimalbreite 3 und Maximalbreite von 5 festzulegen. Um später eine Einschätzung unterhalb des SOLL-Kanals bzw. oberhalb des SOLL-Kanals zu ermöglichen, liegt der SOLL-Kanal zwischen 2 und 11, der Wert 1 steht für „weniger ausgeprägt" und 12 für „übermäßig ausgeprägt".

Details dazu können bei Buhr S. und Ortmann (2004 bzw. 2007) nachgelesen werden.

Abb. 25: Sollprofil Beispiel: „Trainee"

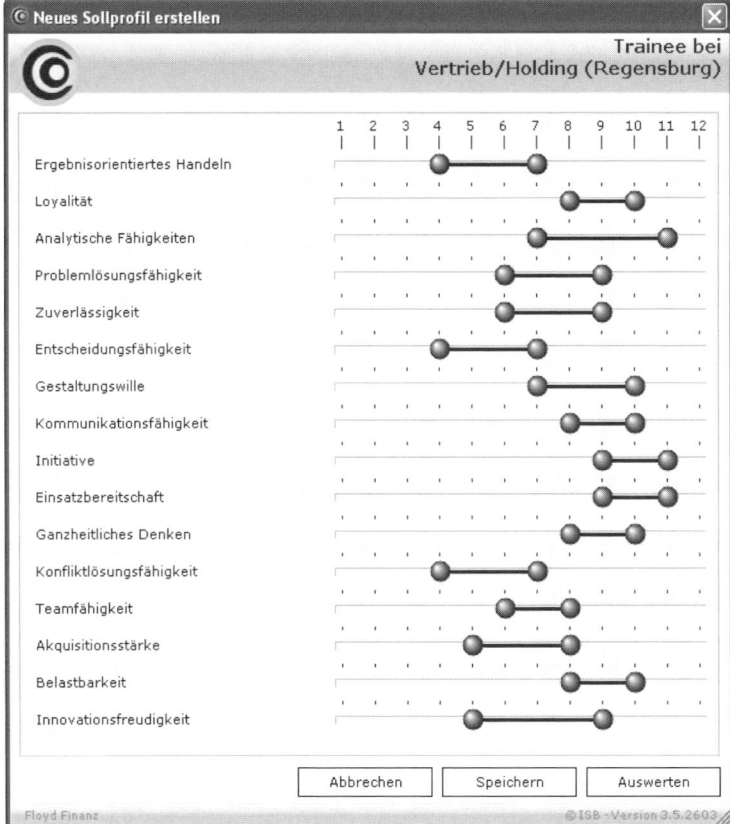

Talents werden sich bei einer Einschätzung durchweg am rechten Rand der Soll-Kanals befinden.

Durchführung der Einschätzung

Eine Einschätzung wird auf Basis sogenannter Identifikationsmerkmale durchgeführt. Sie sind das Ergebnis der inhaltlichen Präzisierung und enthalten firmen- bzw. organisationsspezifische Checkpoints.

Abb. 26: Identifikationsmerkmale/Einschätzung zur Teilkompetenz „Loyalität"

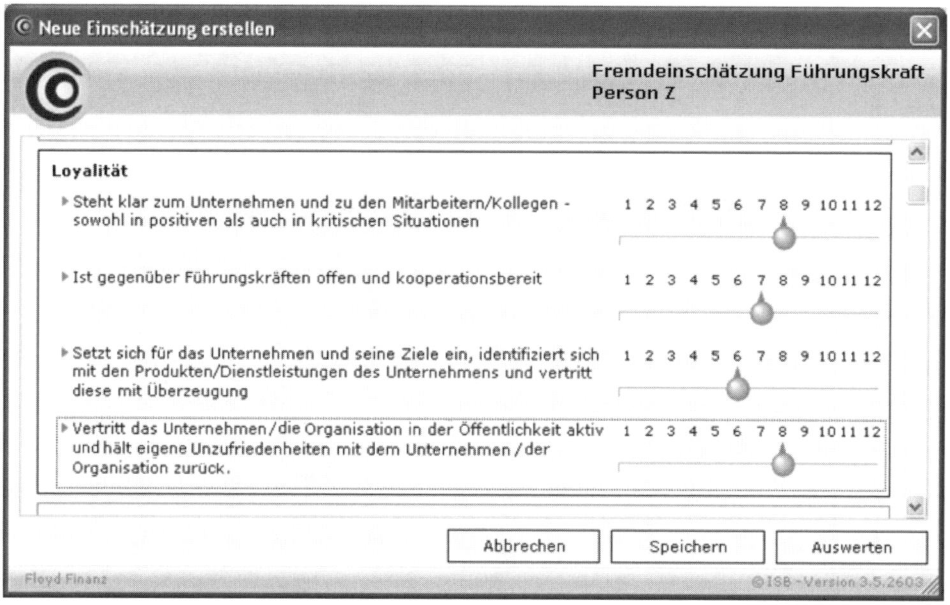

Erster SOLL-/IST-Vergleich

Nach der Durchführung der Einschätzung kann ein erster SOLL-IST/Vergleich durchgeführt werden. Dazu wird das Ergebnis der Einschätzung über das Sollprofil gelegt. In einer Analyse bzgl. der Lage der Einschätzung ist eine Differenzierung notwendig – bezogen auf den Soll-Korridors:"liegt unterhalb", „liegt am linken Rand", „trifft die Mitte", „liegt oberhalb".

In der nachstehenden tabellarischen Darstellung ist zu erkennen, dass die Einschätzung der betrachteten Person, mit Ausnahme der Teilkompetenz Teamfähigkeit, immer innerhalb des SOLL-Korridors liegt. Eine Bezeichnung der Art „Starker Leistungsträger" ist durchaus gerechtfertigt.

Ein Talent bzw. High Potenzial müsste im Mittel weiter rechts im Soll-Korridor liegen.

Abb. 27:   Tabellarische Darstellung der Einschätzung

	Außerhalb des SOLL-Korridors links	Am linken Rand des SOLL-Korridors	Trifft die Korridor-Mitte	Am rechten Rand des SOLL-Korridors	Außerhalb des SOLL-Korridors rechts
1. Ergebnisorientiertes Handeln			X		
2. Loyalität			X		
3. Analytische Fähigkeiten				X	
4. Problemlösungsfähigkeit			X		
5. Zuverlässigkeit			X		
6. Entscheidungsfähigkeit				X	
7. Gestaltungswille		X			
8. Kommunikationsfähigkeit			X		
9. Initiative			X		
10. Einsatzbereitschaft		X			
11. Ganzheitliches Denken			X		
12. Konfliktlösungsfähigkeit			X		
13. Teamfähigkeit					X
14. Akquisitionsstärke			X		
15. Belastbarkeit			X		
16. Innovationsfreudigkeit		X			
17. Gesamt	0	3	10	2	1
18. Häufigkeit (%)	0,0	18,8	62,5	12,5	6,3

Als Verteilung dargestellt und interpretiert ergeben sich nachstehende Aussagen.

Abb. 28: Verteilung der Einzelwerte

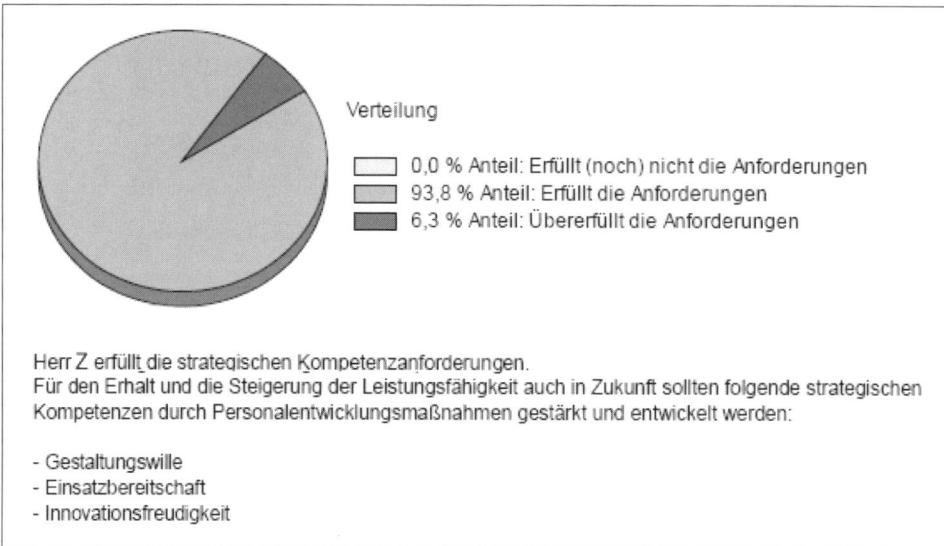

Verteilung

□ 0,0 % Anteil: Erfüllt (noch) nicht die Anforderungen
▨ 93,8 % Anteil: Erfüllt die Anforderungen
▩ 6,3 % Anteil: Übererfüllt die Anforderungen

Herr Z erfüllt die strategischen Kompetenzanforderungen.
Für den Erhalt und die Steigerung der Leistungsfähigkeit auch in Zukunft sollten folgende strategischen
Kompetenzen durch Personalentwicklungsmaßnahmen gestärkt und entwickelt werden:

- Gestaltungswille
- Einsatzbereitschaft
- Innovationsfreudigkeit

Konzeption des Kompetenzpotenzial-Portfolios

Das Kompetenzpotenzial-Portfolio besteht aus 4 Bereichen, die durch die Dimension
„Gegenwärtige Erfüllung der strategischen Anforderungen" (Ordinate) und „Potenzial
für zukünftige Anforderungen" (Abszisse) aufgespannt werden.

Abb. 29: Prinzip des Kompetenzpotenzial-Portfolios

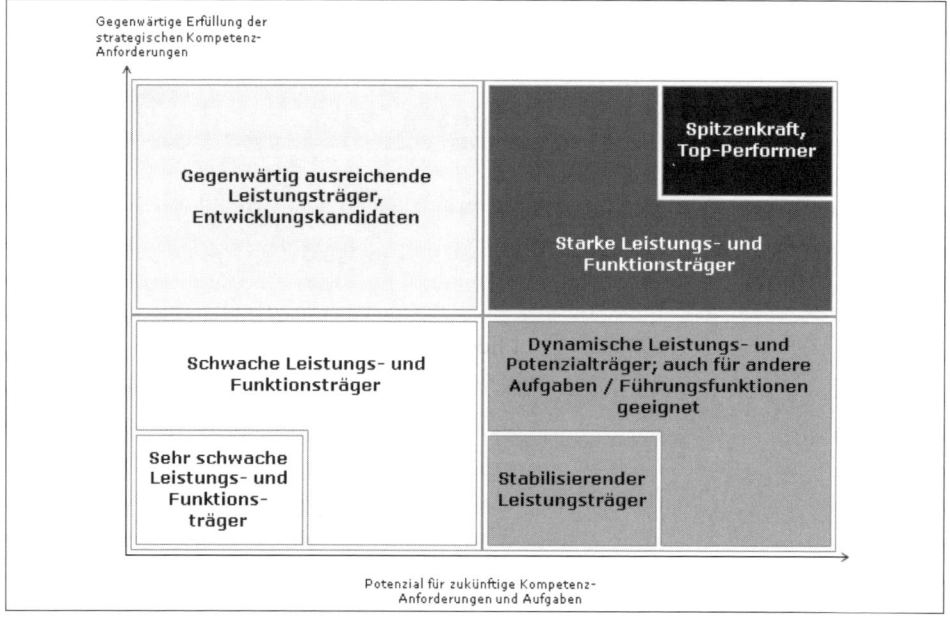

Das Messkriterium für die Ordinate ist die Zahl der Abweichungen der Einschätzungen vom SOLL-Kanal. Dabei ist es unbeträchtlich, ob die Abweichung oberhalb oder unterhalb des SOLL-Kanals liegt. Möglicherweise sind für ein Zukunftsszenario die oberhalb des SOLL-Kanals liegenden Abweichungen positiver als die unterhalb liegenden zu bewerten, da die strategischen Anforderungen tendenziell eher steigen. Zu einem Zeitpunkt X betrachtet, sind diese jedoch genauso unvorteilhaft, wie die Abweichungen unterhalb des SOLL-Kanals.

Abb. 30: Kompetenzerfüllung und zukünftiges Potenzial

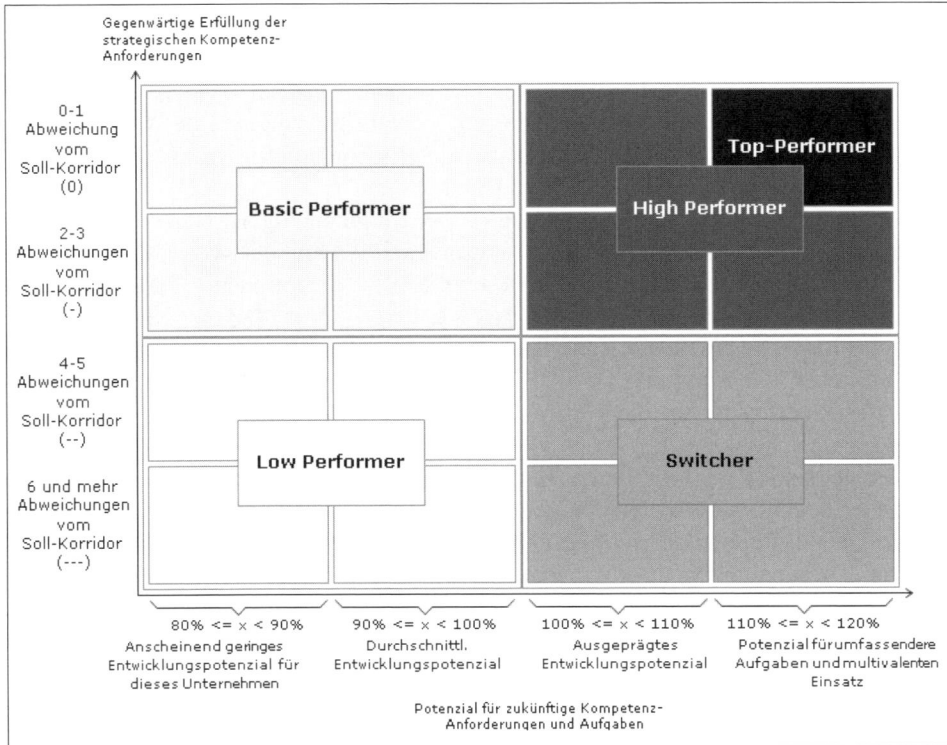

Die Abszisse spiegelt die Lage der Einschätzung wider. Liegt eine Einschätzung am linken Rand, dann wird dies mit 80% gewichtet. Liegt sie am rechten Rand, so wird sie mit 120% gewichtet. Der Intervall 80% bis 120% basiert auf der Überlegung, dass die Optimalposition mittig im SOLL-Kanal liegt (und mit 100% bewertet wird). Einschätzungen unterhalb des SOLL-Kanals werden relativ zur Lage und Breite des SOLL-Kanals mit Werten kleiner als 80% bewertet.

Abb. 31: Prozentuale Abstufung auf der Abszisse

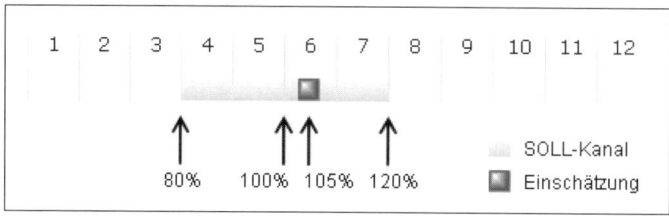

Low Performer sind Personen, welche die gegenwärtigen strategischen Anforderungen nur minimal erfüllen. Grafisch gesprochen: Die Einschätzungen (betrachtet für jede der 12 bis 16 Teilkompetenzen) liegen eher am linken Rand des SOLL-Kanals oder darunter. Low Performer erfüllen die Unternehmensanforderungen nur bedingt und haben ein geringes Potenzial für das Unternehmen.

An dieser Stelle sei angemerkt, dass eine Einschätzung in Bezug auf ein bestimmtes Tätigkeits- bzw. Sollprofil angewandt wird. Möglicherweise hätte ein Low Performer, der auf eine andere Stelle gesetzt wird, eine optimalere Performance für dieses Unternehmen.

Unter **Basic Performer** werden Personen verstanden, deren Einschätzung tendenziell am linken Rand und max. bei 3 Teilkompetenzen außerhalb des SOLL-Korridors liegt. Basic Performer erfüllen ausreichend bis durchschnittlich die Unternehmenserwartung.

Talente sind Personen, deren Einschätzungen im Bereich Switcher oder Top Performer liegen. Als **Switcher** werden Personen betrachtet, die prozentual gesehen eher im oberen Bereich der 12er-KODE®X-Skala eingeschätzt werden. Die hohe Anzahl der Abweichungen resultiert daraus, dass in der Regel rechts (oberhalb) vom SOLL-Kanal eingeschätzt wurde und eine Übererfüllung der Anforderungen vorliegt. Hier ist auf jeden Fall zu prüfen, ob diese Personen für andere Positionen besser geeignet sind.

Die „performanteste" Personengruppe wird durch den Quadranten der **High Performer** repräsentiert. Sie passen optimal auf ein zugrundegelegtes Sollprofil. Die Anzahl der Abweichungen ist marginal. Sofern max. 1 Abweichung vom SOLL-Korridor vorliegt und die Position der Einschätzung am rechten Rand des SOLL-Kanals liegt, dann sprechen wir von **Top Performer**, also Talenten.

Abb. 32: Entwicklungsgruppen

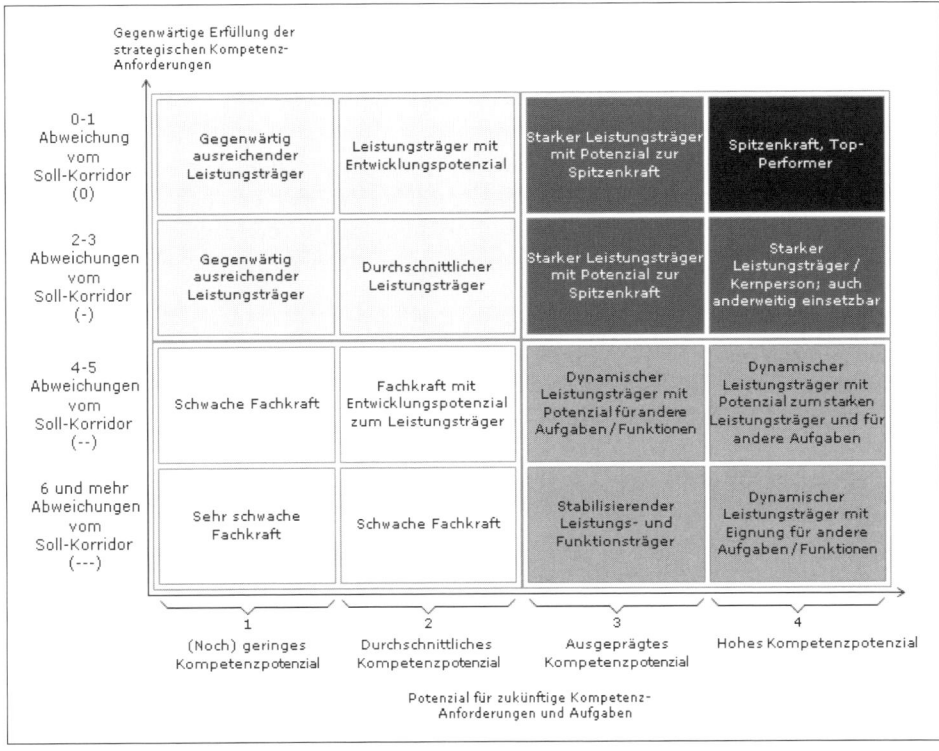

Jeder der vier Blöcke ist wiederum in vier Quadranten unterteilt, so dass eine detaillierte Benennung der Lage innerhalb des Portfolios – wir sprechen von Entwicklungsgruppen – möglich ist.

Zu jeder der 16 Entwicklungsgruppen existieren Personalempfehlungen.

Abb. 33: Personalempfehlungen

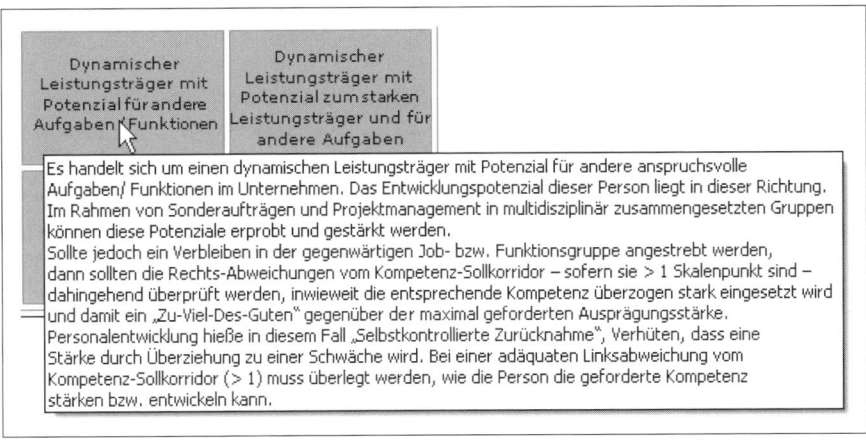

Ermittlung des Kompetenzpotenzial-Portfolios

Zunächst müssen die Parameter zur Ermittlung des Portfolios festgelegt werden:
- Wahl des zu betrachteten Sollprofils
- Auswahl der zu berücksichtigenden Personen/Einschätzungen

Die Einschätzungen können sowohl einzeln in die Berechnung oder aber mit ihrem arithmetischen Mittelwert einfließen. Wie bereits weiter oben beschrieben, ist es empfehlenswert die Fremdeinschätzungen der Führungskraft zu verwenden.

Im Ergebnis wird die Lage der Personen/Einschätzungen innerhalb des Portfolios ersichtlich.

Abb. 34: Ergebnisse

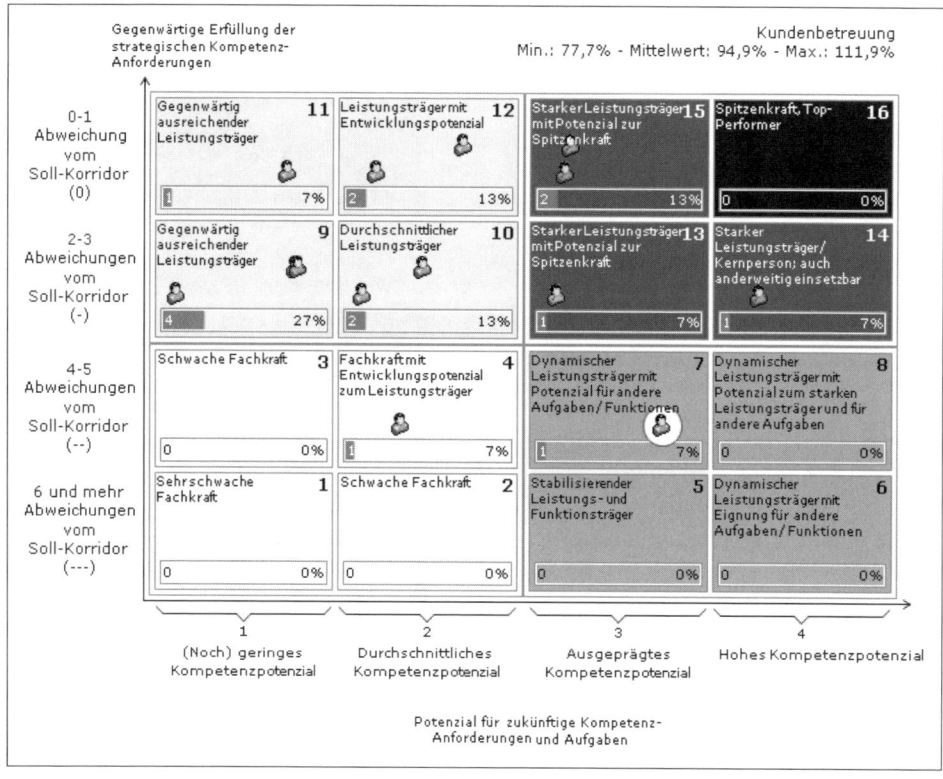

Zu erkennen ist beispielsweise, dass im Block „Gegenwärtig ausreichender Leistungsträger" (Feld 9) vier Personen vorhanden (Zahl unten links) sind. Bei zwei Personen liegt in zwei Fällen eine Abweichung vom Sollprofil vor, bei zwei Personen eine Abweichung bei drei Teilkompetenzen von 16. Insgesamt befinden sich 27% (rechts unten) aller Personen im Feld 9.

Der Mittelwert über alle Personen beträgt 94,4% (bezogen auf die Abszisse), die Minimalposition beträgt 77,7% (liegt folglich marginal unterhalb des SOLL-Kanals), der Maximalwert beträgt 11,9%.

Bei detaillierter Betrachtung einer Person lassen sich Aussagen zur Übereinstimmung zum Sollprofil vornehmen, sowie die Potenzial-Kennzahl ermitteln.

Abb. 35: Detailbetrachtung

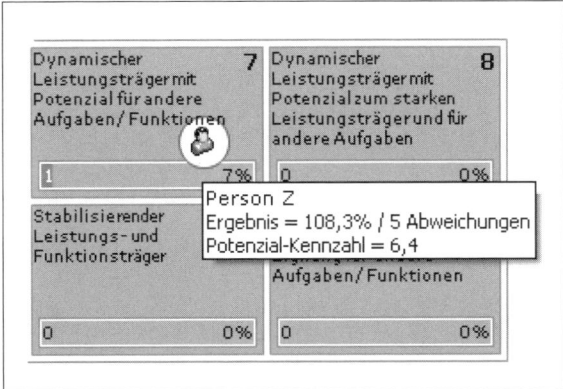

Die Potenzial-Kennzahl gibt die grafische Lage einer Person/Einschätzung innerhalb der 16 Bereiche an. Sie berücksichtigt somit die Anzahl der Abweichungen, als auch den prozentualen Wert der Lage innerhalb des Sollprofils. Die Potenzial-Kennzahl kann einen maximalen Wert von 16 erreichen (Top-Performer). Der Minimalwert ist 0 (sehr schwache Fachkraft). Die Potenzial-Kennzahl drückt aus, wie gut die Person in den Tätigkeitsbereich passt. Ein Vergleich aller Personen lässt eine Aussage über die Struktur der Organisationseinheit zu.

Abb. 36: Potenzialwert (Person, Gruppe, Unternehmen)

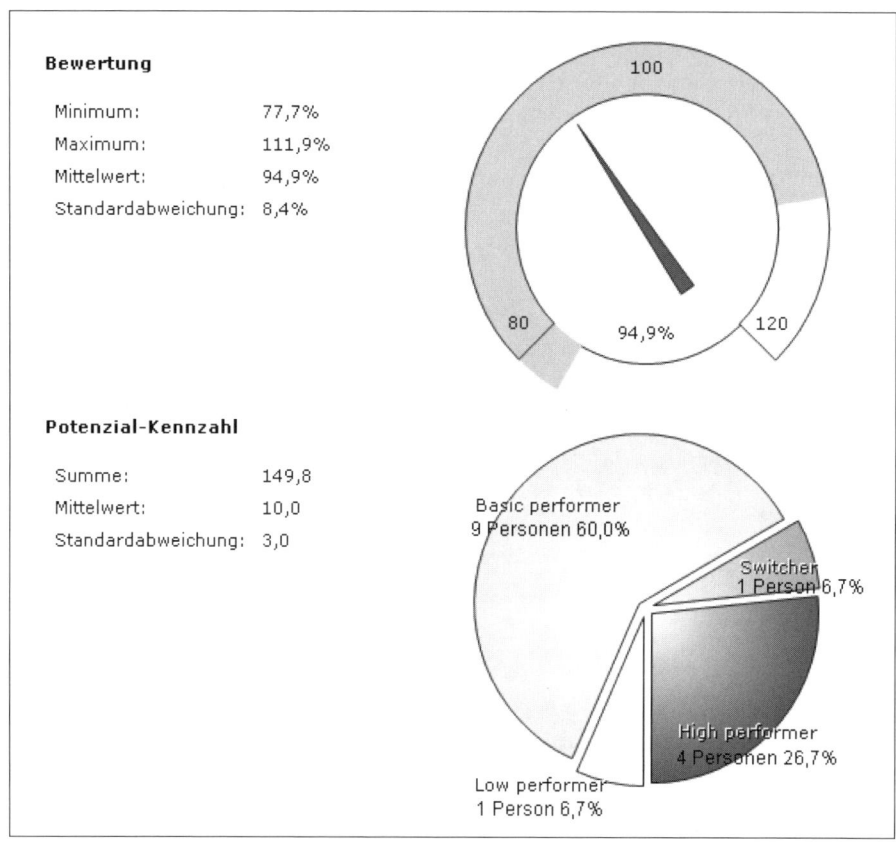

Insgesamt beträgt der Potenzialwert der Abteilung 149,8. Im Mittel beträgt der Potenzialwert je Person 10,0 bei einer Standardabweichung von 3.

Talents sind daran zu erkennen, dass bei Einzelbetrachtung einer Person die „Nadel" in Richtung der 120%-Schranke zeigt.

Zuordnung von Talenten zu Tätigkeitsbereichen

Ausgehend von diesen Werten wenden wir uns nun dem Talentmanagement zu. Im Vordergrund steht die Frage, wie die Talente jedes Einzelnen im Sinne der Unternehmensstrategie gezielt vermehrt werden können bzw., ob der Einsatz einer Person in einem anderen Tätigkeitsbereich eine höhere Performance bietet.

Dies soll anhand eines Switchers anschaulich dargestellt werden.

Bei näherer Betrachtung der in Abb. 32 markierten Person wird zunächst eine Abweichungs-Analyse durchgeführt. Dazu werden das Sollprofil und die zugehörige Einschätzung übereinander gelegt.

Abb. 37: IST-Analyse bzgl. Sollprofil „Kundenbetreuung"

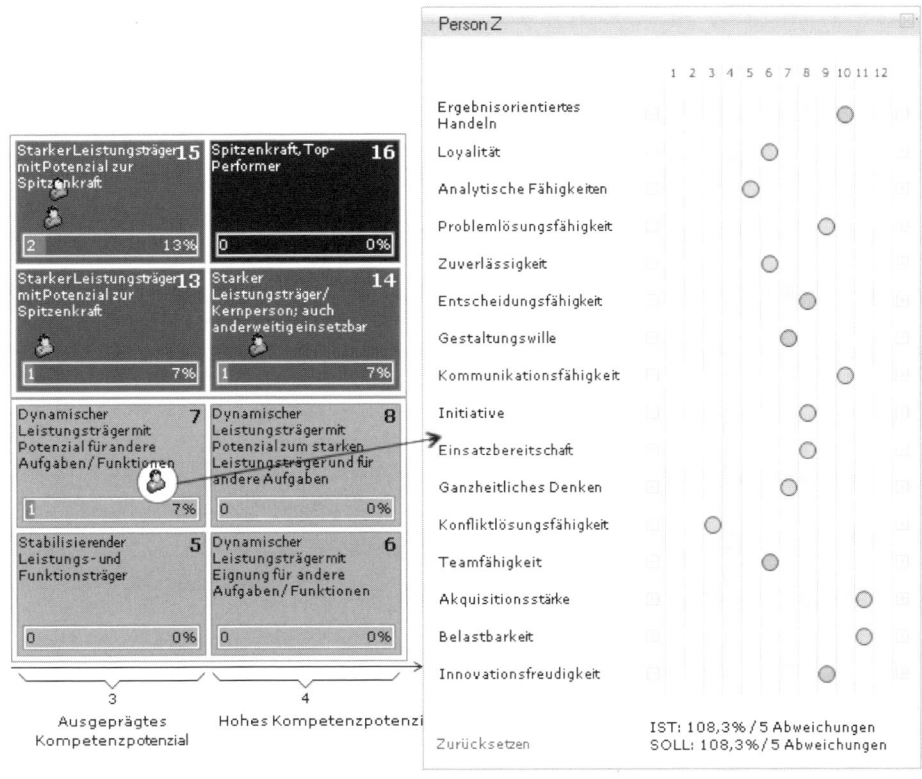

Dieser SOLL-/IST-Vergleich ergibt, dass die betrachtete Person Z in 5 Teilkompetenzen rechts vom SOLL-Kanal eingeschätzt wurde. Daraus leitet sich ab, zu prüfen, ob ein Einsatz in einem anderen Tätigkeitsbereich optimaler ist.

Bei der Ermittlung des Kompetenzpotenzial-Portfolios für die Tätigkeitsgruppe Produktentwicklung stellt sich heraus, dass die betrachtete Person eine höhere Übereinstimmung mit den Sollprofil-Anforderungen hat.

Abb. 38: IST-Analyse bzgl. Sollprofil „Produktentwicklung"

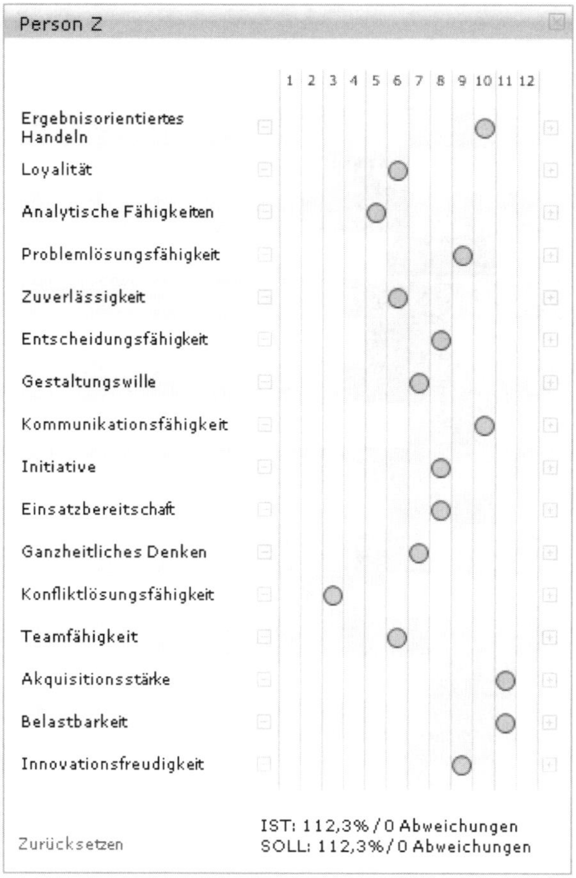

Die betrachtete Person Z liegt nun bzgl. der Fremdeinschätzung Führungskraft in allen Teilkompetenzen innerhalb des SOLL-Kanals. Tendenziell ist bereits zu erkennen, dass die Einschätzungen der Teilkompetenzen – bis auf wenige Ausnahmen – rechts vom Mittelpunkt des SOLL-Kanals liegen.

Eine höhere Aussagekraft liefert die Kompetenzpotenzial-Portfolio-Darstellung. Die betrachtete Person erreicht hier den Status eines Top Performers – also eines Talents.

Abb. 39: Kompetenzpotenzial-Portfolio bzgl. Sollprofil „Produktentwicklung

<table>
<tr><td colspan="2">Gegenwärtige Erfüllung der
strategischen Kompetenz-
Anforderungen</td><td colspan="2">Produktentwicklung
Min.: 76,0% - Mittelwert: 94,7% - Max.: 112,3%</td></tr>
</table>

0-1 Abweichung vom Soll-Korridor (0)	Gegenwärtig ausreichender Leistungsträger **11** 0 0%	Leistungsträger mit Entwicklungspotenzial **12** 1 7%	Starker Leistungsträger **15** mit Potenzial zur Spitzenkraft 0	Spitzenkraft, Top- **16** Performer Person Z Ergebnis = 112,3% / 0 Abweichungen Potenzial-Kennzahl = 15,6
2-3 Abweichungen vom Soll-Korridor (-)	Gegenwärtig ausreichender Leistungsträger **9** 1 7%	Durchschnittlicher Leistungsträger **10** 2 13%	Starker Leistungst mit Potenzial zur Spitzenkraft 1 7%	Leis Kernperson; auch anderweitig einsetzbar 0 0%
4-5 Abweichungen vom Soll-Korridor (--)	Schwache Fachkraft **3** 1 7%	Fachkraft mit Entwicklungspotenzial zum Leistungsträger **4** 3 20%	Dynamischer **7** Leistungsträger mit Potenzial für andere Aufgaben/Funktionen 2 13%	Dynamischer **8** Leistungsträger mit Potenzial zum starken Leistungsträger und für andere Aufgaben 0 0%
6 und mehr Abweichungen vom Soll-Korridor (---)	Sehr schwache Fachkraft **1** 1 7%	Schwache Fachkraft **2** 2 13%	Stabilisierender **5** Leistungs- und Funktionsträger 0 0%	Dynamischer **6** Leistungsträger mit Eignung für andere Aufgaben/Funktionen 0 0%

1 (Noch) geringes Kompetenzpotenzial	2 Durchschnittliches Kompetenzpotenzial	3 Ausgeprägtes Kompetenzpotenzial	4 Hohes Kompetenzpotenzial

Potenzial für zukünftige Kompetenz-
Anforderungen und Aufgaben

Individuelle Fördermaßnahmen zur Stärkung/Weiterentwicklung von Talenten

Ein zweiter Ansatz des Talentmanagements betrifft die Förderung und Weiterentwicklung persönlicher Stärken.

Die betrachtete Person befindet sich im Feld „Fachkraft mit Entwicklungspotenzial
zum Leistungsträger". Ziel ist, die Person aus dem Low Performer-Bereich in Richtung Basic Performer zu entwickeln. Auch hier ist eine detaillierte Betrachtung des
IST-Zustandes notwendig:

Es zeigt sich, dass zwei Einschätzungen unterhalb des Sollprofils liegen und
weitere sechs Kompetenzen am linken Rand des SOLL-Kanals.

Abb. 40: IST-Zustand einer Person zum Zeitpunkt X

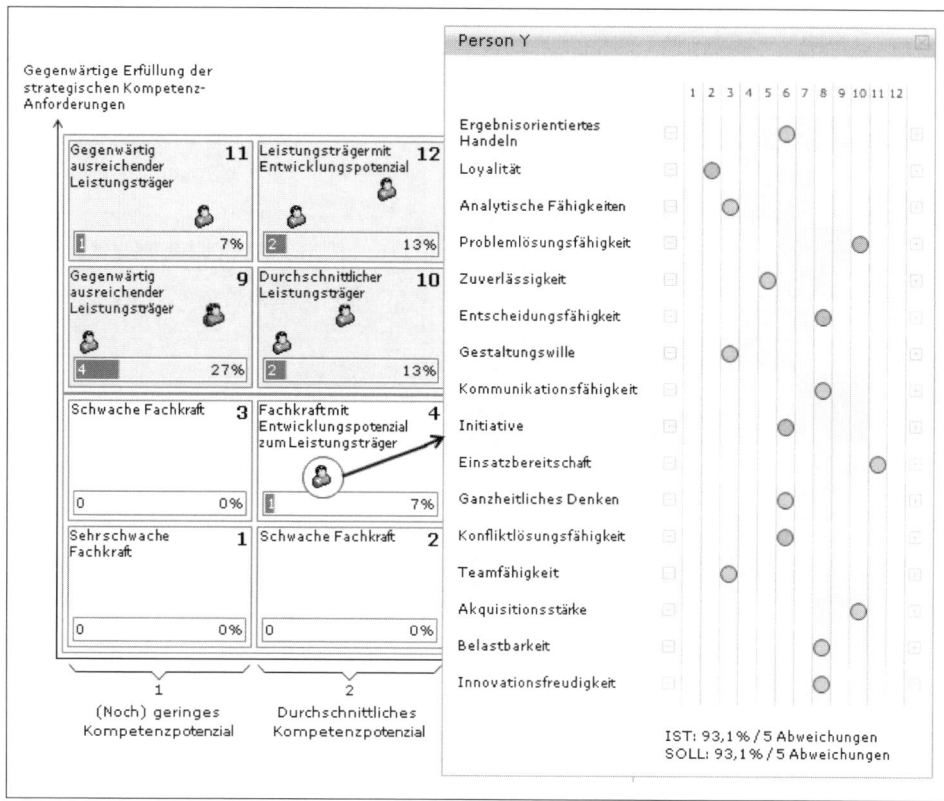

Im gemeinsamen Gespräch der Führungskraft mit dem Mitarbeiter wird über geeignete Maßnahmen zur Weiterentwicklung der Kompetenzen nachgedacht. Es wird eine Einigung darüber getroffen, dass bzgl. der Teilkompetenz Loyalität und Initiative Entwicklungsmaßnahmen erfolgend sollen. Konkret könnte dies in Form von betrieblicher oder überbetrieblicher Weiterbildung, Mentoring oder selbstorganisiert erfolgen.

Als Zieltermin sollte ein Zeitraum von 6 bis 12 Monaten eingeplant werden, um anschließend mit Hilfe einer erneuten Fremdeinschätzung die Zielerreichung zu überprüfen.

Durch die geplante Personalentwicklung ergibt sich ein Wechsel vom Low Performer (Fachkraft mit Entwicklungspotenzial zum Leistungsträger) zum Basic Performer (Durchschnittlicher Leistungsträger). Eine längerfristige systematische und zielbezogene Förderung kann durchaus dazu führen, dass die Person zu einem High Performer wird.

Diese Art der Kompetenzwertung – stets in Bezug auf eine bestimmte Tätigkeits-/Funktionsgruppe – und die konkreten Entwicklungsvereinbarungen wurden von den befragten Mitarbeitern als sehr gerecht und als Entwicklungs-(Chancen-) öffnend bezeichnet. Von den Führungskräften verlangt ein solches Vorgehen eine intensive Kommunikation mit den Mitarbeitern, klare Zielorientierungen sowie die Prüfung und den Nachweis erfolgter Kompetenzentwicklungen.

Abb. 41: IST-Zustand und gewünschte SOLL-Positionierung

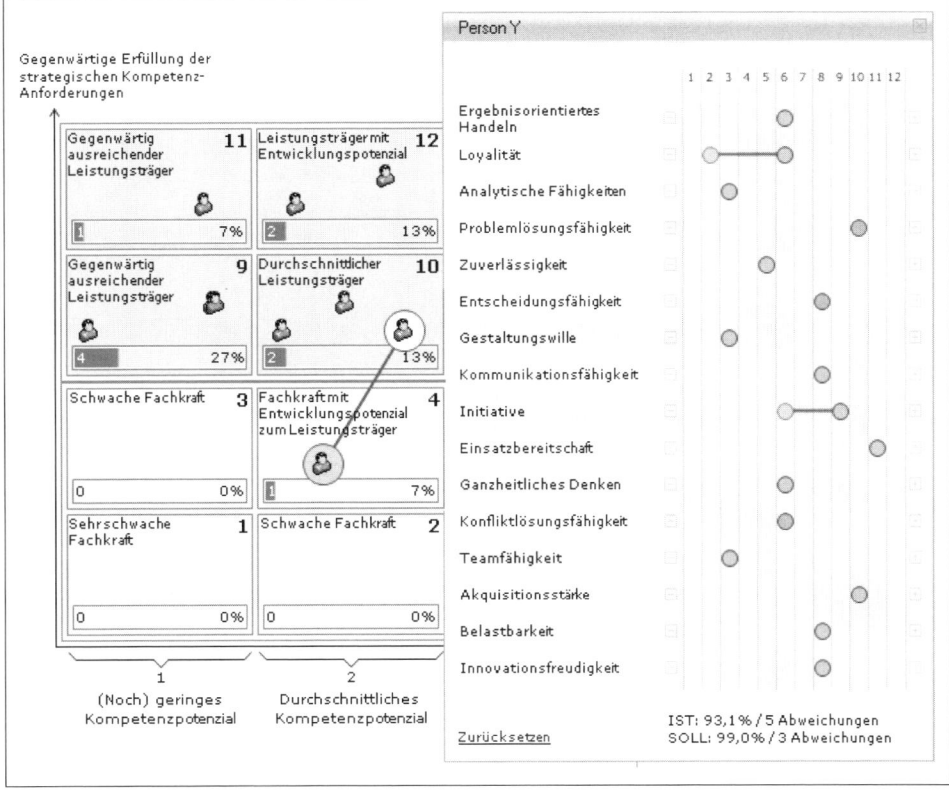

SOLL-/IST-Vergleich

Mit Hilfe des Kompetenzpotenzial-Portfolios ist es möglich, einen Dreier-Vergleich durchzuführen:

1. IST-Zustand ① (Ausgangssituation)

2. SOLL-Zustand, der gemäß Zielvereinbarung innerhalb des definierten Zeitraums erreicht werden soll ②

3. IST-Zustand, nach Ablauf des in Nr. 2 definierten Zeitraums ③

Zunächst wurde Zustand ① im rechten Bereich der Sollprofil-Darstellung abgetragen. Es folgen Zustand ② und Zustand ③. Sofern alle drei Einschätzungen auf einem Punkt liegen, ist nur ③ sichtbar, ansonsten sind die Abweichungen ersichtlich.

Die geplante Veränderung zwischen 1 und 2 ist in Form einer horizontalen Verbindungslinie im rechten Bereich der Sollprofildarstellung abgebildet.

Im linken Bereich wird eine Dreiecksbeziehung von Ausgangsituation, SOL- und IST-Zustand visualisiert.

Abb. 42: Ausgangssituation, Ziel-Zustand und IST-Zustand

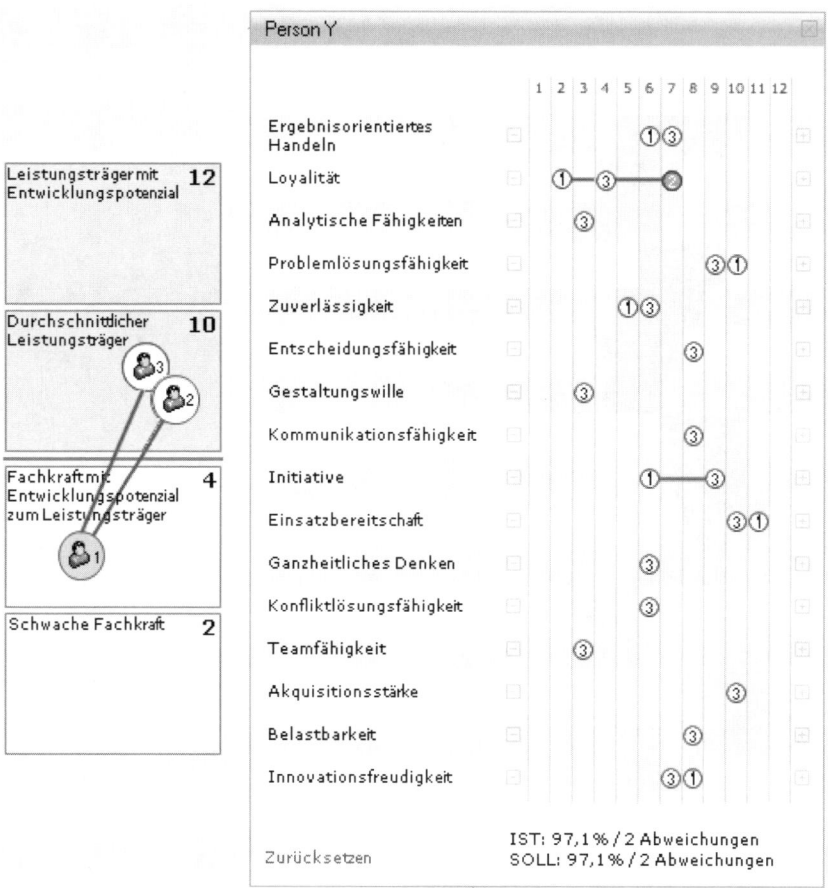

Geplant war die Weiterentwicklung der Teilkompetenz Loyalität. Eine Weiterentwicklung fand auch statt, jedoch wurde der angestrebte Wert insgesamt nicht erreicht. Es ergibt sich also ein Diskrepanz zwischen SOLL und IST.

Ebenfalls sollte die Teilkompetenz Initiative aufgebaut werden. Dies ist entsprechend geschehen.

Abb. 43: Vergleich der Potenzial-Kennzahlen SOLL-
und IST-Zustand

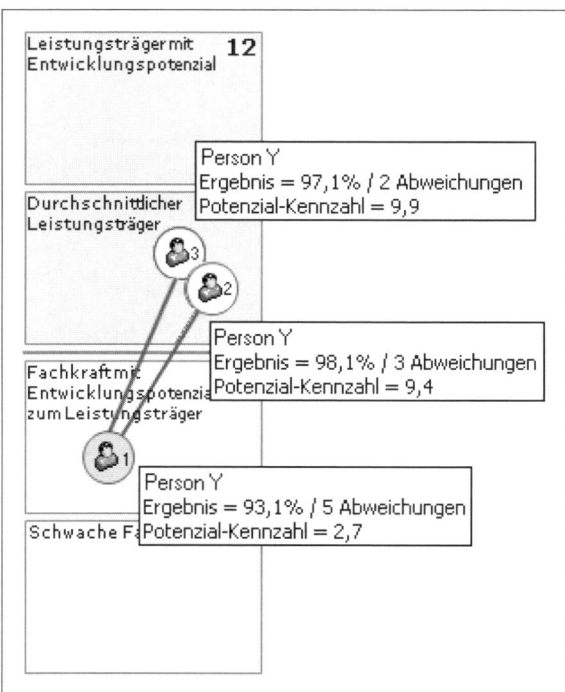

Bedingt durch den Übergang vom Low Performer zum Basic Performer erhöht sich die Potenzial-Kennzahl von 2,7 auf 9,9. Die Steigerung resultiert daraus, dass 4 Teil-kompetenzen weiterentwickelt, 10 Teilkompetenzen identisch und 2 Teilkompetenzen rückläufig waren. Summarisch ist die Steigerung jedoch ausschlaggebend für die Erhöhung der Potenzial-Kennzahl.

Ranking und Benchmarking von Talenten

Innerhalb von Organisationen ist es für die (interne) Personalentwicklung oder das externe Beratungsunternehmen in der Regel schwierig, ein Ranking und Bench-marking durchzuführen. Inzwischen ist es aber möglich. Mit Hilfe von Softwareunter-stützung kann dies jedoch effizient über eine – zumindest theoretisch – unbegrenzte Anzahl von Mitarbeitern durchgeführt werden.

Abb. 44: Ranking von Talenten

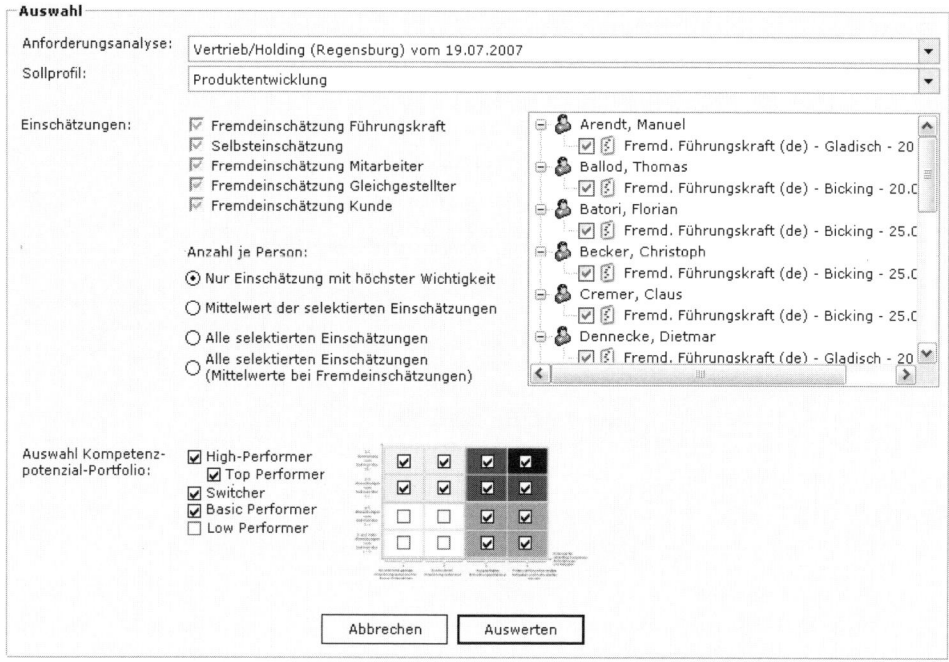

Hinweis: Die in den Beispielen genannten Personen(namen) sind rein fiktiv.

Zunächst wird festgelegt, zu welchem Sollprofil die Talentsuche stattfinden soll. Da in der Regel im Zeitablauf mehrere Einschätzungen zu einer Person vorliegen, sollte eine Vorauswahl getroffen werden. Die ausgewählten Einschätzungen sind rechts im Bild zu sehen.

Abb. 45: Vergleich mit allen Personen

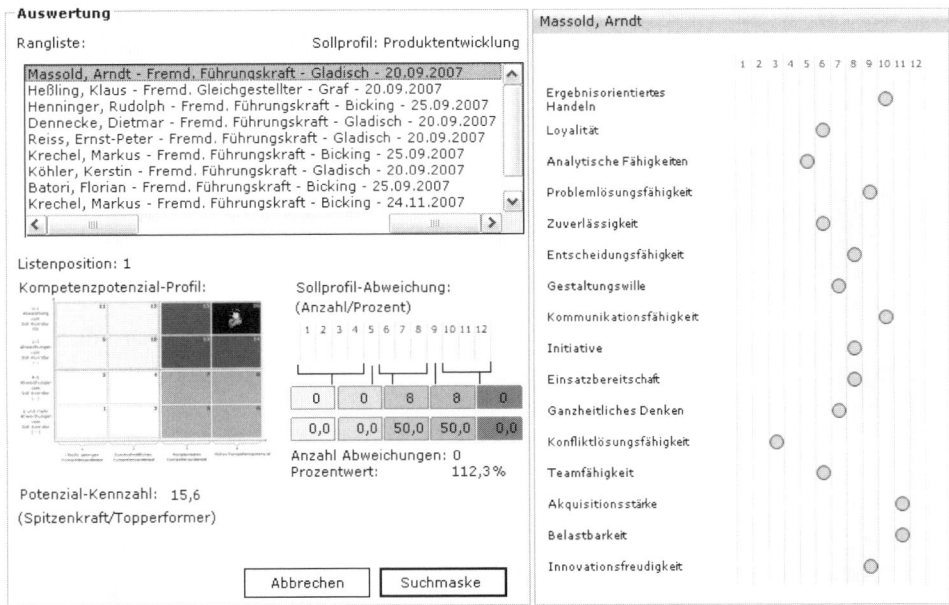

Hinweis: Die in den Beispielen genannten Personen(namen) sind rein fiktiv.

In der Auswertung erscheinen nun – bezogen auf die gewählten Bereiche des Portfolios – alle Personen/Einschätzungen. Ebenso ist das Potenzial als Kennzahl ersichtlich. Zur schnelleren Analyse werden die Abweichungen vom Sollprofil visualisiert und im rechten Bereich dokumentiert.

Schritt 8: Weitere Einsatzentscheidung

Die Unternehmen benötigen eine klare Talententwicklungs- und -Einsatzstrategie

Besonders talentierte MitarbeiterInnen machen von sich aus viel, um ihre Kompetenzen zu vertiefen und zu erweitern. Im Gegenzug erwarten sie anspruchsvolle Aufgaben, Verantwortung und Flexibilität (insbesondere Aufgaben an verschiedenen Brennpunkten des Unternehmens). So sollten zum Beispiel Talenten Aufgaben in verschiedenen Bereichen angeboten werden.

Ferner sollten Talente konsequent in verantwortungsvolle, bereichsübergreifende Projekte, und hier wiederum vor allem in solche mit strategischem Charakter, eingebunden werden und die Vernetzung der Talente gefördert werden. Eine regelmäßige Neuorientierung ist ganz natürlich für Talente.

Gemeinsam mit den Talenten sollte periodisch (und mindestens einmal im Jahr) ihr weiterer Entwicklungsweg und ihre Einflussmöglichkeiten im Unternehmen und gegenüber Externen besprochen werden. Die horizontale und / oder vertikale Entwicklung sollte so konkret wie möglich geklärt und verbindlich umgesetzt werden. Dabei ist seitens der Führungskräfte darauf zu achten, dass ihre Talente nicht ständig an der Grenze ihrer Belastbarkeit arbeiten und über kurz oder lang „ausbluten". Fragen der Work-Life-Balance treten hierbei ebenso in den Vordergrund wie die Klärung der weiteren Entwicklung im oder außerhalb des Unternehmens.

Fragen im Vorfeld neuer Einsatzentscheidungen können sein:

- Ist „X" ausreichend über die Unternehmensstrategie informiert, kann er/sie sich einbringen?
- Welche weiteren Entwicklungsschritte bzw. welchen neuen Einsatz sieht „X" für sich als wünschenswert und begründet dieses wie?
- Wie schätzt „X" die Kommunikation und Kooperation mit den Oberen Führungskräften ein? Welche Vorschläge zur Verbesserung und welche eigenen Verbesserungsmöglichkeiten werden von „X" vertreten?
- Existieren Kenngrößen zur Messung der Wirksamkeit der Talente und ihrer Entwicklung?
- Erhält „X" genügend Unterstützung bzw. Freiräume zur Entwicklung der eigenen Kompetenzen?

8.   Kernpositionen und Kernpersonen

Kernpositionen (KeP 1) und Kernpersonen (KeP 2) erkennen und entwickeln

Eine wichtige Aufgabe bei der Entwicklung von TM-Programmen ist die Analyse von Kernpositionen und Kernpersonen in einem Unternehmen.

In vielen Unternehmen mangelt es an einer ausgewogenen Betrachtung des Verhältnisses von Kernpositionen der Organisation und vorhandenen bzw. notwendigen Kernpersonen – unter Berücksichtigung der fachlichen Kompetenzen, der Führungsfähigkeit und umfassender *überfachlicher Kompetenzen*.

Führungskräfte sind zu einem großen Teil in einer Organisation **Kernpersonen.** Gute Führungskräfte produzieren auf Dauer gute Organisationen und gute Führungssysteme. Und: Gute Führungskräfte werden von guten Führungskräften hervorgebracht und geformt. Entscheidend für den langfristigen Erfolg einer Organisation ist also die Qualität der Führungskräfte an entscheidenden Stellen über die Zeit hinweg und ihr anregend-fördernder Einfluss auf die motivierten Mitarbeiter.

Analyse der Kernpersonen
(modif. und erweitert nach Schmid, 1990, Heyse/Erpenbeck, 2007))

Eine Organisation mit nur schwachen, weniger kompetenten Kernpersonen ist auf Dauer aus sich heraus nicht überlebensfähig. Wie erkennt man aber die (starken oder schwachen) Kernpersonen?
   Das Organigramm allein gibt dazu nur eine begrenzte Auskunft. Die Analyse der Kernpersonen eines Unternehmens umfasst folgende Schritte:
1.   Bestimmen der Kern*positionen* in einer Organisation
2.   Die Beurteilung der Kern*personen*, also der Inhaber der Kernpositionen
3.   Soll-Ist-Vergleich und Analyse der Konsequenzen bei Differenzen
4.   Analyse der Handlungsalternativen auf der Grundlage differenzierter Aussagen zur Person
5.   Planung und Umsetzung von Maßnahmen zur Umsetzung, Stärkung, Entwicklung
6.   Bewährungsanalyse und ggf. Präzisierung der Maßnahmen.

8.1   Bestimmen der Kernpositionen in einer Organisation

Zu den Kernpositionen zählen Funktionen und Jobs, die entweder einen mittleren bis großen Einfluss auf den Erfolg der Organisation haben und/oder sehr wichtig sind oder viele Mitarbeiter direkt (unterstellt) oder indirekt (durch Meinungsbildung) beeinflussen.

Somit werden wichtige Führungs- *und* Spezialisten-Positionen ermittelt. Kernpersonen können allerdings nicht mit Talenten und umgekehrt Talente nicht ausschließlich mit Kernpersonen gleichgesetzt werden. Die Zuordnung „Kernperson" bezieht sich stets auf eine definierte Kernposition und auf die gegenwärtige Performance. Für eine Kernposition kann es (oder besser: sollte es) durchaus mehrere Talente geben. In einem Unternehmen gibt es im Vergleich zu den in einem Organigramm dargestellten vielfältigen Funktionen und Organisationseinheiten stets nur wenige, aber um so wichtigere Kernpositionen. Und: Nicht jede Führungskraft ist per se eine Kernperson! Umso wichtiger ist die Frage nach Talenten für Kernpositionen, die nach Möglichkeit mit 1-2 Reservekräften zusätzlich strategisch abgesichert sein sollten.

Abb. 46: Bereich der Kernpositionen

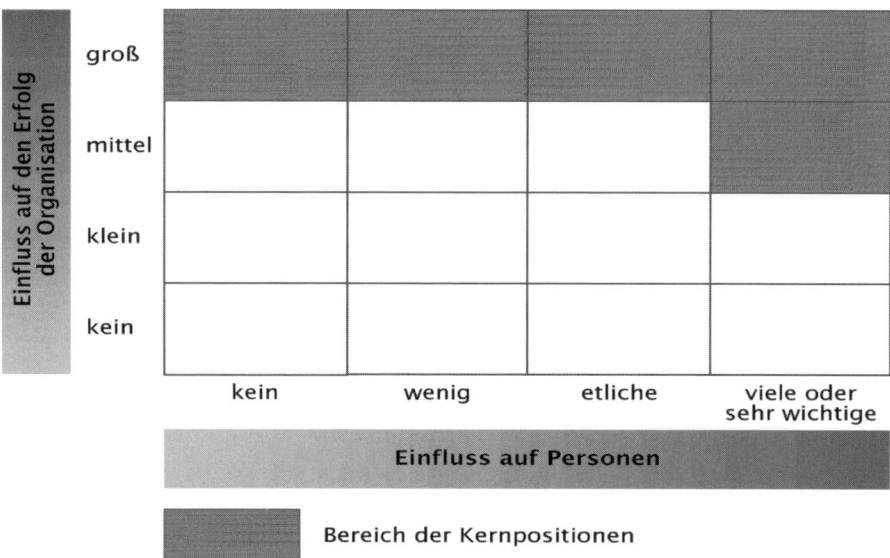

Die Kernpositionen werden jeweils mit der Geschäftsleitung zusammen ermittelt und können von Organisation zu Organisation qualitativ wie quantitativ unterschiedlich sein. Auf jeden Fall ist die Bestimmung der Kernpositionen ein Aspekt der strategischen Organisationsführung und eine wichtige Denkhilfe für die Geschäftsleitung. Und: Die Rangstufe in einem Organigramm ist nicht unbedingt sehr aussagefähig.

Kriterien für das Finden von Kernpositionen sind auf jeden Fall:

- viel Verantwortung für Zielbestimmungen der Organisation, Mittelverwendung, Auslösen von Aktivitäten Dritter, Qualität, Sicherheit;
- große Konsequenzen bei der Streichung oder schlechten Ausführung der Position für die Organisation, Einfluss auf Ablauforganisation und Motivation.

Die Anzahl der aufzunehmenden Kernpositionen sollte weder zu klein noch zu groß sein. Eine Verhältniszahl jedoch gibt es nicht.

Bei größeren Unternehmen können auch Kategorien verwendet werden, wie beispielsweise „Regional-" oder „Außendienstleiter".

Kernpositionen können im Vergleich untereinander durchaus unterschiedlich bedeutsam sein. Das interessiert bei diesem Schritt noch nicht.

Auch ist es möglich, dass mehrere Kernpersonen *einer* Kernposition zugeordnet sind, zum Beispiel im Rahmen nationaler oder internationaler (Teil-) Unternehmen oder im Mehrschichtbetrieb.

Wichtig ist, dass mehrere Personen über die Kernpositionen und unabhängig voneinander nachdenken. In einer moderierten Diskussion werden dann die Einzelmeinungen zusammengetragen und eine Gruppenmeinung, der sich alle anschließen können, herausgearbeitet.

Kernpositionen (Positionen mit einer besonderen Strategie-umsetzenden Bedeutung) haben einen entscheidenden Stellenwert in der Wertschöpfungskette eines Unternehmens und Veränderungen in Kernpositionen können entscheidende Wettbewerbsvorteile oder -Hemmnisse im Markt bedeuten. Deshalb kommt der periodischen Aktualisierung der mit einer Kernposition verbundenen operativen und strategischen Kompetenzanforderungen eine so große Bedeutung zu. Die Präzisierung sowie Auswahl, der Einsatz, die Entwicklung und das Performance-Controlling der Kernpersonen muss Chefsache des Top-Managements sein. Und damit wird auch klar, warum die Festlegung der heutigen und zukünftigen Anforderungen an eine Kernposition nicht Sache eines Einzelnen sein kann, sondern die Erfahrungen eines Top-Teams nutzen sollte.

Dieses Team sollte analog der KODE®X-Strategieberatung zusammengesetzt sein: Vertreter des Vorstandes bzw. der Geschäftsleitung, weitere wichtige Entscheider (Leiter von Vertrieb, Strategieabteilung, Personal, F&E, Produktion, Marketing) und ergänzt durch den gegenwärtigen Inhaber der Kernposition, den früheren (sofern er befördert wurde) und ggf. einen externen Experten (Kooperationspartner, Berater...). Dieses Team von 8-10 Personen kann bei straffer, ergebnisorientierter Moderation innerhalb von ein bis zwei Stunden die Positionsanalyse mit sehr gutem Ergebnis abgeschlossen haben.

8.2 Die Beurteilung der Kernpersonen, also der Inhaber der Kernpositionen

Zur Einzeleinschätzung der Personen, die Kernpositionen innehaben, werden wiederum mehrere Personen hinzugezogen. Diese führen mittels eines einfachen Einstufungsrasters individuell die Beurteilung durch. In einem zweiten Schritt diskutieren sie die Einzelergebnisse in der Gruppe von Beurteilern und einigen sich auf eine gemeinsame Kennzeichnung im Einstufungsraster. Die Gruppe sollte zwischen 3-4

Personen umfassen. Diese können sein: Direkter Vorgesetzter, Personalleiter, Mitglied der Geschäftsführung…

Damit später altersspezifische Maßnahmen sowie eine differenzierte Nachfolgeplanung einsetzen können, muss das Einstufungsraster auch Altersgruppen enthalten.

Abb. 47:   Einstufungsraster nach Kompetenzen und Alter

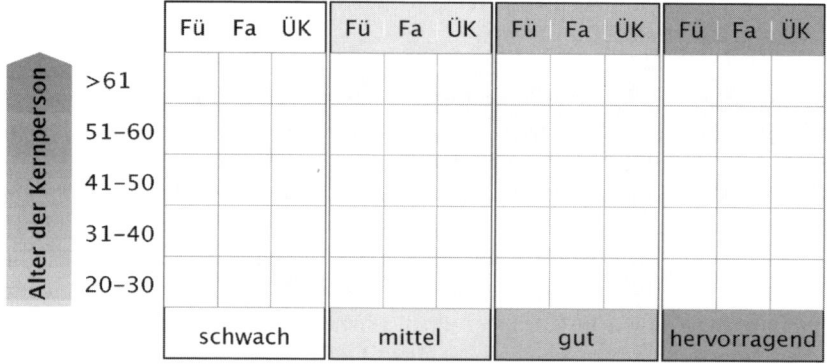

Fü: Führung
Fa: Fachkompetenz
ÜK: Überfachliche Kompetenzen
       (Selbstorganisationsfähigkeit)

Es ist wichtig, Führungskräfte und Fach-Spezialisten als getrennte Gruppen einzuschätzen. Oft liegen besondere Kompetenzen, Stärken und Schwächen nur in ein oder zwei Bereichen vor.

8.3   Soll-Ist-Vergleich und Analyse der Konsequenzen auf der Grundlage differenzierter Aussagen zur Person

Kernpersonen sollten im Einstufungsbereich zwischen „gut" und „hervorragend" liegen.

Nachfolgende Beispiele sind Interpretationsangebote und mit bestimmten Konsequenzen verbunden.

Abb. 48: Beispiel 1

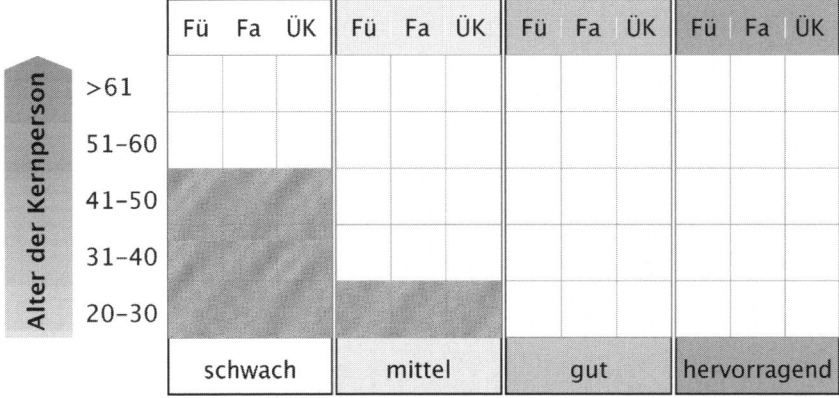

Führungskräfte und andere Kernpersonen, die Kernpositionen innehaben und im hier schraffierten Einstufungsbereich liegen, sind für diese Positionen nicht geeignet und sollten aus diesen herausgenommen werden. Die Besetzung dieser Position basiert wahrscheinlich auf einer früheren Fehleinschätzung, die nun korrigiert werden muss.

Abb. 49: Beispiel 2

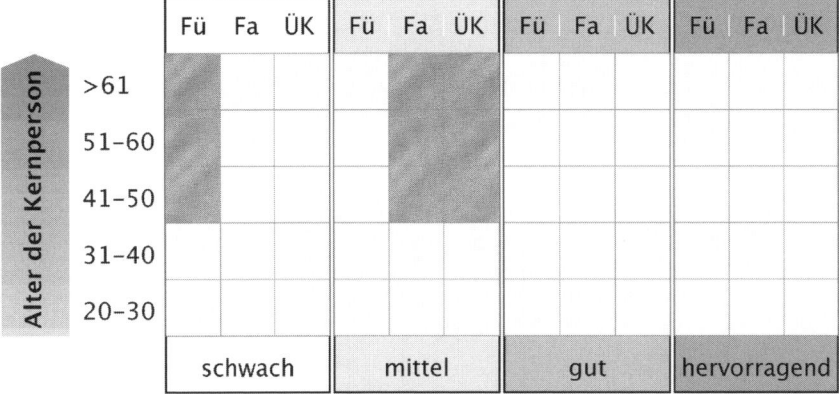

Führungskräfte, die als führungsschwach eingestuft werden und fachlich sowie in Bezug auf ihre überfachlichen Kompetenzen nur als „mittel" eingeschätzt werden und über 40 Jahre alt sind, sind ebenfalls für Kernpositionen ungeeignet.

Abb. 50: Beispiel 3

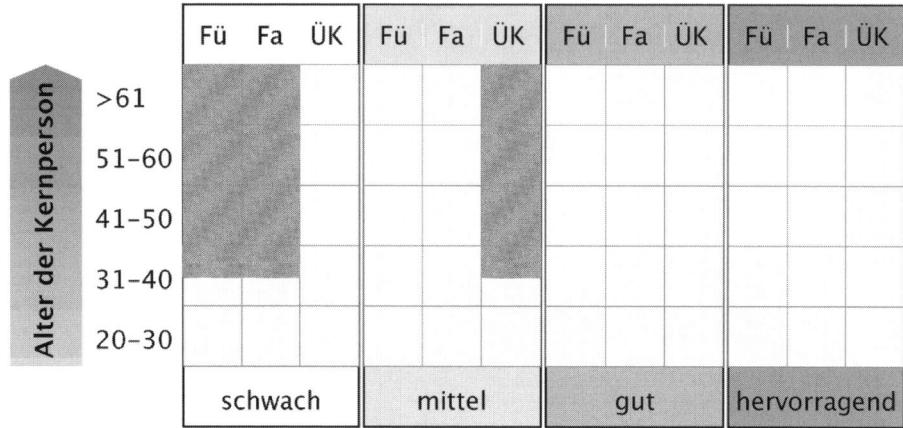

Ist die Person über 40 Jahre alt und ist einerseits hinsichtlich der Führung sowie fachlich „schwach" zeigt aber an anderer Stelle überdurchschnittliche überfachliche Kompetenzen, dann ist ein Wechsel der Aufgaben zu prüfen; der Einsatz sollte außerhalb von Kernpositionen vorgesehen werden und einen Bereich betreffen, der den überfachlichen Kompetenzen gerecht wird.

Abb. 51: Beispiel 4

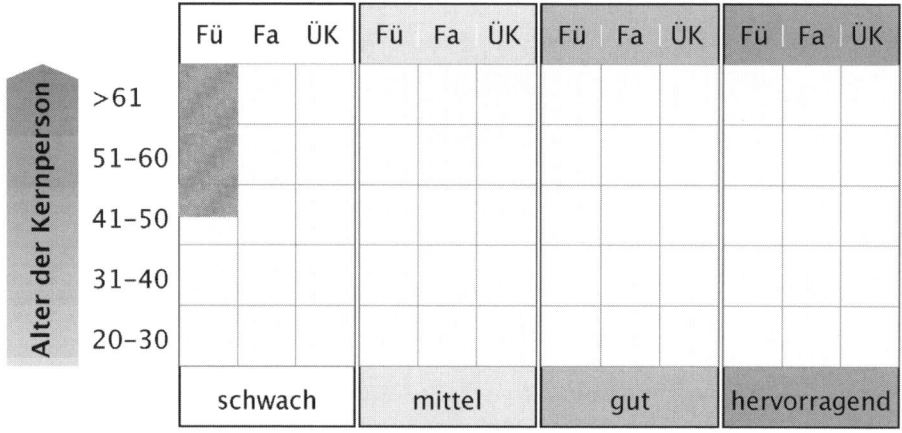

Personen über 45 Jahre mit „schwacher" Führung sollten aus der Kernposition genommen werden, da sie in der Regel ihre Schwäche nicht mehr überwinden können.

Abb. 52: Beispiel 5

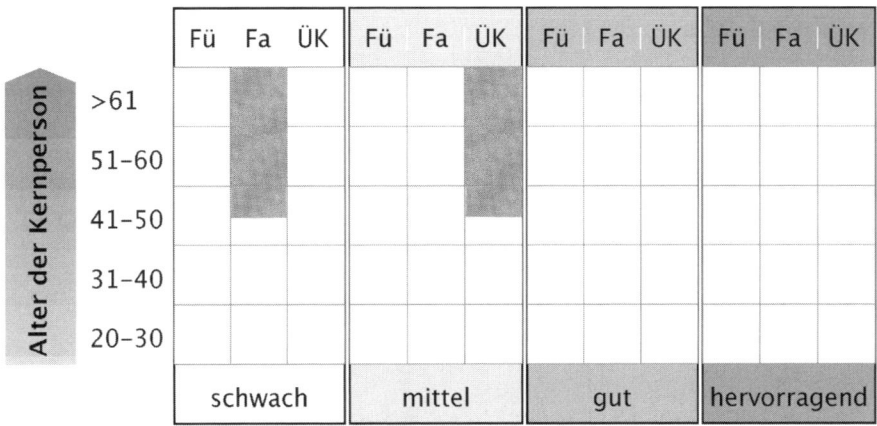

Personen mit einem Alter über 45 Jahre, die fachlich als „schwach" und deren über-fachliche Kompetenzen als „mittel" eingeschätzt werden, sollten ebenfalls aus Kern-positionen herausgenommen werden.

Abb. 53: Beispiel 6

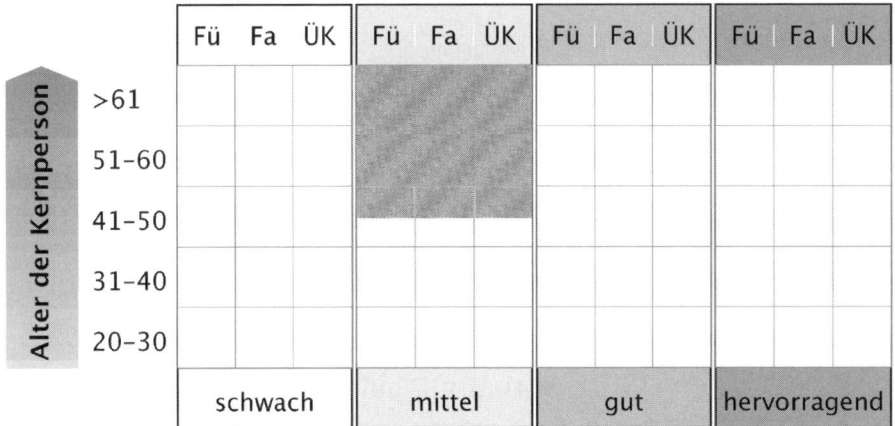

Personen in Kernpositionen, die über 45 Jahre alt sind und in allen drei Einschät-zungsbereichen mit „mittel" bewertet werden, sollten nicht mehr befördert werden und nach Möglichkeit durch konsequente Nachwuchsförderung mittelfristig ersetzt wer-den.

Abb. 54: Beispiel 7

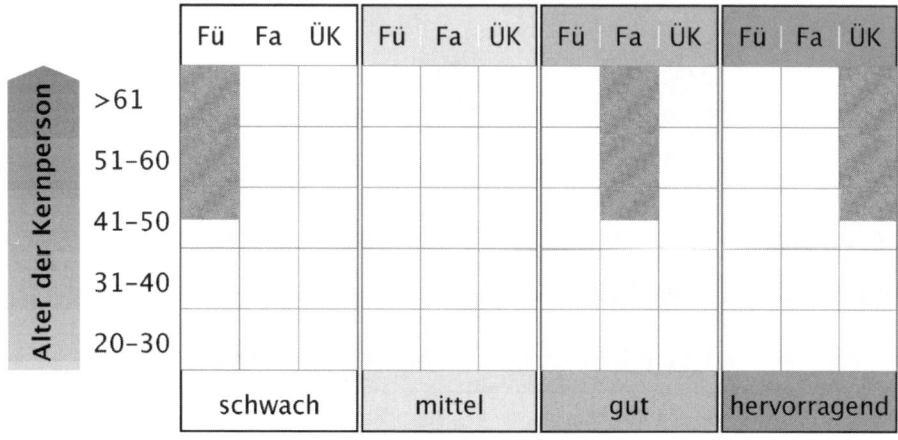

Sind bei einer Person, die über 45 Jahre alt ist, die fachlichen und die überfachlichen Kompetenzen „gut bis hervorragend" ausgebildet, die Führung jedoch „schwach", dann empfiehlt es sich, diese Person von Führungsaufgaben zu entbinden und sie stattdessen als Spezialist in anderen Kernpositionen einzusetzen.

Abb. 55: Konsequenzen-Kette / Nachfolgeplanung

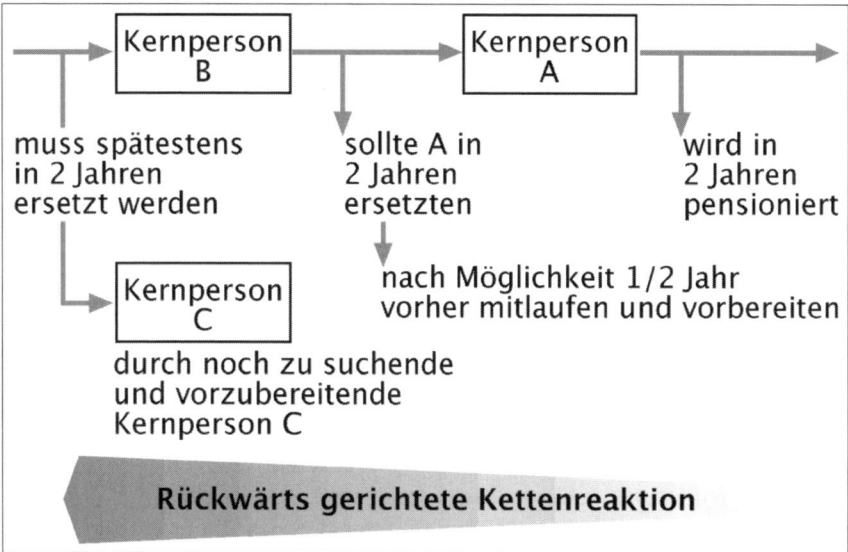

Eine Darstellung unter Berücksichtigung des Alters ermöglicht eine frühzeitige Nachfolgeplanung und differenzierte Konsequenzen-Ketten. Der Ersatz höherer Kernpersonen erfolgt in der Regel durch Beförderung von Personen, die selbst schon in Kernpositionen sind. Eine solche Konsequenzen-Kette und rückwärts gerichtete Kettenreaktion verdeutlicht das folgende Beispiel:

Der Planungshorizont für die Besetzung von Kernpositionen liegt bei fünf Jahren. In der Praxis wird aber häufig noch improvisiert – kurz bevor es zu spät ist –, und die unteren Stufen von Kernpositionen sind häufig schwach oder falsch besetzt.

8.4 Analyse der Handlungsalternativen

Im Bereich der Kernpositionen müssen die Risiken einer Fehlentscheidung klein gehalten bleiben.

Talentmanagement Einschätzungen von Kernpersonen

Der Kreis der Bewerter sollte nicht zu klein und nicht zu groß sein. Eine Gruppe von 3 bis 5 Bewertern hat sich bewährt. Empfehlenswert ist das Einbeziehen folgender Personen:
- direkter Vorgesetzter
- Mitglied(er) der Geschäftsleitung
- Personalleiter
- ggf. früherer Vorgesetzter.

Alle Bewerter schätzen die jeweils zur Diskussion stehende Person einzeln schriftlich ein. Danach kommen sie zu einem festgelegten Termin zusammen, tauschen die Einschätzungen untereinander aus und diskutieren sie mit dem Ziel, eine von allen getragene und nach außen von allen zu tragende Einschätzung zu erarbeiten. Es hat sich als förderlich erwiesen, wenn diese Diskussion von einem neutralen Moderator und zeitökonomisch geleitet wird; pro Person reichen so ca. 30 Minuten aus.

In Vorbereitung von Personalentscheidungen und für die Herausarbeitung von Handlungsalternativen müssen im Zusammenhang mit der Analyse von Kernpersonen die nachfolgenden Fragen beantwortet werden.

Kriterien und Fragen:

(1)   Alter der Person

(2)   Erfüllt die Person ihre Aufgaben *fachlich* anforderungsgemäß? Bitte entsprechendes ankreuzen.
- ☐ schwach
- ☐ mittel
- ☐ gut
- ☐ hervorragend

(3)   Hat die Person gute bis hervorragende fachliche Stärken? Welche? Passen sie zu der derzeitigen Position?

_____

_____

_____

(4)   Hat die Person besondere fachliche Schwächen? Welche? Inwieweit sind sie hinderlich in der derzeitigen Position?

_____

_____

_____

(5)   Welches sind die Ursachen der Schwächen?
- ☐ Persönlichkeit?
- ☐ Erfahrung?
- ☐ Wissen?
- ☐ Andere Ursachen,

insbesondere:_____

(6)   Erfüllt die Person ihre *Führungsaufgaben* anforderungsgemäß? Bitte entsprechendes ankreuzen.
- ☐ schwach
- ☐ mittel
- ☐ gut
- ☐ hervorragend

Beachten Sie bei der Bewertung auch Ihre Notizen zu (7) bis (9).

(7)   Hat die Person gute bis hervorragende Führungsstärken? Welche? Passen sie zu der derzeitigen Position?

_____

_____

_____

(8)   Hat die Person besondere fachliche Führungsschwächen? Welche? Inwieweit sind sie hinderlich in der derzeitigen Position?

_____

_____

(9)   Welches sind die Ursachen der Schwächen?
- ☐   Persönlichkeit?
- ☐   Erfahrung?
- ☐   Wissen?
- ☐   Andere Ursachen, insbesondere:

_____

_____

(10) Erfüllt die Person die **_überfachlichen Kompetenzanforderungen_** entsprechend der Erfordernisse dieser Position?
- ☐   schwach
- ☐   mittel
- ☐   gut
- ☐   hervorragend

Wenn eine KODE®X Soll-Ist-Analyse vorliegt, dann erweitert sich diese Einschätzung, und es wird das Kompetenz-Portfolio herangezogen.
Wenn keine KODE®X Soll-Ist-Analyse möglich ist, dann kann a) das Metaprofil „Führungskompetenz" (KODE®) genutzt werden, soweit es sich bei der Kernposition um eine Führungsposition handelt. Oder es werden b) in der Bewertergruppe 12-16 Teilkompetenzen des KompetenzAtlas als besonders wichtig für diese Kernposition herausgearbeitet und auf dieser Grundlage ein Soll-Ist-Vergleich vorgenommen.

(11) Hat die Person gute bis hervorragende überfachlichen Kompetenzen? Welche? Passen sie zu der derzeitigen Position?

_____

_____

_____

(12) Hat die Person besondere Schwächen (zu wenig ausgeprägt bzw. übertrieben stark ausgeprägt) hinsichtlich der überfachlichen Kompetenzen? Welche? Inwieweit sind sie hinderlich in der derzeitigen Position?

_____

_____

_____

(13) Welches sind die Ursachen der Schwächen?
- ☐   Persönlichkeit?
- ☐   Erfahrung?
- ☐   Wissen?
- ☐   Andere Ursachen, insbesondere:

_____

_____

(14) Unterstützungs- bzw. Fördermaßnahmen zur Behebung der Schwächen / Entwicklung von Kompetenzen
Fachlich:_____

_____

Führung:_____

_____

Überfachliche Kompetenzen:

_____

_____

_____

(15)　Unterstützungs- und Förderwege zur Behebung der Schwächen / Entwicklung von
　　　Kompetenzen
　　　□ Organisierte Weiterbildung intern/extern:_____

_____

　　　□ Selbstorganisierte Weiterbildung:_____

_____

　　　□ Coaching:_____

_____

　　　□ Mentoring:_____

_____

　　　□ Andere Förderwege:_____

_____

Die Bewertungen, gekoppelt an das Alter, ermöglichen die Einschätzungen:
„(weiterhin) geeignet" für die Kernposition oder „nicht geeignet". Zugleich sind
konkrete Unterstützungs- bzw. Fördermaßnahmen und -wege für die Talententwicklung in der gegenwärtigen Kernposition, in einer anderen oder außerhalb
von Kernpositionen aufgezeigt. Auf jeden Fall sollte auf dieser Grundlage ein
Personalgespräch mit entsprechenden Entwicklungskonsequenzen erfolgen.

Planung und Umsetzung von Maßnahmen zur Umsetzung, Stärkung, Entwicklung

Jetzt können altersgruppenspezifische Handlungsempfehlungen in der Bandbreite
„Differenzierte Förderung – mittelfristiger Ersatz und frühzeitiger Aufbau eines Nachfolgers – kurzfristige Umsetzung oder Trennung" zur Geltung kommen. Personalplanung und Personalentwicklung greifen hier zusammen und münden in konkreten
Maßnahmen mit Verantwortlichkeit, Zeitangaben und Angaben von Controllingmaß-
nahmen (einschließlich Erfolgskontrolle bei Förderung).

Bewährungsanalyse und ggf. Präzisierung der Maßnahmen

Die Bewährungsanalyse bzw. Erfolgskontrolle sollte – je nach Maßnahmen – in
Abständen erfolgen und mit einem differenzierten Feedback an die Person verbunden
sein. Je nach Erfordernis werden die Maßnahmen im Laufe der Zeit präzisiert oder
ergänzt.

9. Verständnis und Sensibilität gegenüber Kreativen

Kreativität ist die Voraussetzung zur Lösung sachlicher und situativer Probleme und Aufgaben in Form *neuer*, bisher noch nicht da gewesener, Konzepte, Bedingungen, Organisationsformen, Strukturen, Produkte. Ein Patentrezept gibt es dafür nicht. Die Entfesselung der Kreativität und des Engagements der Mitarbeiter ist eine Grundbedingung.

Kompetenzen implizieren immer auch Kreativität in der einen oder anderen Form. Und wenn von den Kompetenzen einer Person gesprochen wird, dann immer auch unter Einbeziehung ihrer Offenheit für Neues, ihrer Lernbereitschaft und Kreativität im Besonderen. TM schließt somit auch immer Fragen nach dem Umgang mit Kreativität des Einzelnen und von Teams ein.

Kreative Entwicklungen sind nur in den seltensten Fällen auf geniale Spontaneinfälle zurückzuführen, sondern in der Regel das Ergebnis harter individueller und (Team-) Arbeit, konzentrierter und zielgerichteter Suche nach neuen Lösungen. Und nur in wenigen Fällen werden die „grandiosen", später viel zitierten und adaptierten Lösungen gefunden.

Im betrieblichen Alltag wird den Fragen nach dem (nicht immer einfachen) Umgang mit besonders Kreativen (Talenten) oft nur ein sehr eingeschränktes Verständnis und entsprechende Sensibilität seitens der Führungskräfte auf den verschiedenen Ebenen entgegengebracht. Und das vor allem, wenn nach kurzfristigen Ergebnissen geschaut wird, nach widerspruchsfreien Arbeitsprozessen und formaler Unterordnung.

Natürlich müssen die Ergebnisse kreativer Tätigkeit in einem Unternehmen zur Erfüllung gegenwärtiger oder zukünftiger Bedürfnisse des Unternehmens beitragen. Sie müssen zielgerichtet sein und dürfen nicht in reiner Phantasie bestehen, obwohl sie nicht unbedingt sofort praktisch anwendbar und vollständig sein müssen.

Berufs- bzw. tätigkeitsbezogene schöpferische Fähigkeiten erweitern, verändern, stabilisieren sich über einen langen Entwicklungsweg und durch harte (Lern-)Arbeit. Bis ins hohe Alter hat jeder von uns die Möglichkeit, seine Fähigkeiten durch intensives Lernen und mutiges Erproben zu erweitern. Diese Erfahrung sowie die Erkenntnis, dass hohe kreative Leistungen neben den intellektuellen Fähigkeiten und dem ständigen Wissenserwerb feste Wertorientierungen und Lebensziele, ausgeprägte Motive und Erwartungen an die schöpferische Tätigkeit und deren Ergebnis sowie ein hohes Maß an Fleiß und kritischer Selbstbetrachtung (Selbstreflexion) voraussetzen, zeigt die großen Möglichkeiten des selbstmotivierten und selbstorganisierten Lernens und der Erziehung und Weiterbildung.

Kreative Fähigkeiten können entfacht, aber auch in ihrer Entwicklung gehemmt werden.

Problemzentrierung, Spezialwissen, hohe Identifikation mit der Arbeit und hoher Arbeitseinsatz bilden wichtige Voraussetzungen für kreative Leistungen.

An dieser Stelle unseres Buches sollen einige Missverständnisse und Vorurteile im Umgang mit besonders kreativen Talenten aufgedeckt werden (vgl. Heyse/Erpenbeck 2004: Schöpferische Fähigkeit).

Zu Beginn zwei kleine Anekdoten aus der amerikanischen Firma 3M, die seit Jahrzehnten als ein kreatives Musterunternehmen gilt (aus: Nöllke, 2002):

Es gibt eine Regelung, dass die Angestellten 15% ihrer Zeit an neuen Projekten arbeiten sollen, über die sie keinerlei Rechenschaft abgeben müssen. Vielleicht erklärt sich diese Regelung aus der Firmengeschichte: Ein junger Angestellter namens Richard Drew arbeitete an einem Projekt, das nicht so recht vorwärts zu gehen schien. Der damalige Firmenchef von 3M forderte Drew auf, das Projekt abzubrechen. Drew setze sich jedoch einfach darüber hinweg und blieb bei seinem Projekt, ein durchsichtiges Klebeband zu entwickeln. Drews Ungehorsam zahlte sich später aus; es entstand „Scotch Tape", eines der erfolgreichsten 3M-Produkte
(Hier spielten Unangepasstheit, Hartnäckigkeit, Zielbeharrlichkeit, mutiger Umgang mit Widersprüchen u. a. persönliche Merkmale eine besondere Rolle auf der Seite von Drews.)

William Coyne, der ehemalige Entwicklungschef von 3M, warnt davor, bei schöpferischen Tätigkeiten zu schnell erste Ergebnisse zu erwarten. Er sagt: „Wer einen Samen einpflanzt, gräbt ihn auch nicht jeden Tag aus, um zu sehen, wie er sich entwickelt."
*(Hier wird das Umfeld angesprochen, die erforderliche Geduld und das **Vertrauen** gegenüber schöpferischen Menschen, das Wissen um die Kompliziertheit des kreativen Prozesses und die Eigenarten der Menschen in diesem Prozess.)*

In den letzten Jahrzehnten entstanden auf der Grundlage von Beobachtungen, Befragungen, Literaturanalysen u.a. etliche „Kataloge" sogenannter persönlicher Voraussetzungen oder Kennzeichen schöpferischer Personen, die sich zum Teil widersprachen oder gar sehr spekulativ lasen. Übereinstimmend wurden jedoch hervorgehoben:

- Besonders ausgeprägtes Interesse am sowie Fähigkeiten im Aufspüren von *Widersprüchen*
- *Zweifel* an zu offensichtlich erscheinenden Zusammenhängen – als persönliches Denk- und Arbeitsprinzip –, verbunden mit der Fähigkeit, kritische Fragen zu stellen und oberflächliche Formulierungen zu vermeiden
- Fähigkeit, alternativ zu denken und zu formulieren, verbunden mit überdurchschnittlicher Phantasie („Kühnheit des Denkens")
- Große Beweglichkeit und „Flüssigkeit" des Denkens, zugleich verbunden mit einer außerordentlichen Zielbeharrlichkeit (Verfolgen eines Problems über Jahre, Jahrzehnte)
- Hohe Identifikation mit dem untersuchten Problem

- Bereitschaft zur Auseinandersetzung mit Zweifeln sowie mit divergierenden Meinungen
- Bereitschaft, auf ein ausreichend genau berechenbares Risiko einzugehen
- Persönlicher Mut, eine eigene (zeitweilig isolierte) Meinung zu besitzen und gewohnte Dinge auf eine neue Art zu „sehen". Schöpferische Menschen fühlen sich stärker von komplizierten und neuen (zum Teil erst heranreifenden) Problemen, die originelle, neue Lösungen verlangen, angezogen
- Deutliches Interesse an (Gedanken-) Experimenten und an der systematischen Erweiterung der bisherigen Kenntnisse und Erfahrungen sowie eine ausgebildete Fähigkeit, die eigenen schöpferischen Anstrengungen zu konzentrieren.

Das kreative Moment in der Arbeit besteht nicht allein darin, Probleme zu lösen, als vielmehr in der persönlichen Motivation und Fähigkeit, Probleme und Lösungschancen dort zu entdecken, wo andere Personen die Frage als nicht relevant oder als schon gelöst und bewiesen betrachten. In diesem Zusammenhang wird gesagt, das Genie Einstein hätte in seinem Unvermögen bestanden, das anscheinend Offensichtliche zu verstehen.

9.1 Unzulässige Schlussfolgerungen

Neben diesen übereinstimmenden Charakteristika schöpferischer Menschen werden im Alltagsbewusstsein, aber auch in der Literatur immer wieder *unzulässige Schlussfolgerungen* gezogen. Grund dafür sind einseitige Beobachtungen und zu kurz fassende Theorien.

So werden widersprüchliche Charakteristika hochkreativer Menschen nicht ausreichend in ihrem gesellschaftlichen und sozialen Kontext und vom kreativen Arbeits*prozess* her untersucht. Und so können wir immer wieder Etikettierungen vorfinden wie
- Sozial *unangepasst*
- *Introvertiert*, in sich zurückgezogen
- Egozentrisch, *eigennützig*
- Emotional *unausgeglichen*
- Unkontrolliert, *undiszipliniert*.

Dagegen sollen in aller Kürze einige Erklärungsansätze gestellt werden, die bei der Betrachtung des Wesens kreativer Prozesse als plausibel erscheinen und die dazu beitragen können, im betrieblichen Alltag Vorurteile zu beseitigen.

Unangepasst oder angepasst?

Feststellung: „Kreative reagieren sensibel und differenziert auf ihre Umwelt. Während es ihnen gelingt, sich gut auf ‚die Sache' einzustellen, haben sie nicht selten Probleme in ihrem sozialen Anpassungsvermögen."

Woran liegt das? Ist ihr Verhalten in gewisser Hinsicht „asozial"?

Kreative nehmen das Umfeld realitätsgerechter wahr und sind dabei anscheinend unabhängiger von irrelevanten Konstellationen sowie traditionellen Ansichten. In den Augen derjenigen, die vorwiegend darauf orientiert sind, Bestehendes zu festigen und auszubauen, sind sie „unangepasst", wenn sie anscheinend Beständiges anzweifeln. Kreative sind ferner offener gegenüber dem, was sie sehen, nicht jedoch immer gegenüber den sozialen Einflüssen. Letzteres muss sicher berücksichtigt werden, wenn von (mangelnder) Anpassungsfähigkeit gesprochen wird.

Es ist ein großer Unterschied, ob vom Erkenntnisgegenstand aus oder vom durchschnittlichen Erwartungsbild des sozialen Umfeldes aus gegenüber „sozial erwünschtem Verhalten" die Bewertung „unangepasst" oder „angepasst" vorgenommen wird. Schöpferische Menschen passen sich den objektiven Veränderungen eher an, da sie selbst verändern wollen. Sie nehmen Einfluss auf die Veränderung der Umwelt, passen sich die Umwelt an. Und damit kommen sie zwangsläufig in Konflikt mit althergebrachten Ergebnissen, starren Erwartungen und Einstellungen eines maßgeblichen Teiles ihrer Mitmenschen, was zu erheblichen Missverständnissen und Vorurteilen führen kann.

Kreative Problemlöseprozesse unterscheiden sich von anderen Problemlöseprozessen insbesondere darin, dass keine Lösungs- bzw. Auswahlkriterien (Bewertungsmaßstäbe) vorausgesetzt werden können bzw. sich die bisherigen Bewertungskriterien auf nun gegenseitig ausschließende Denk- und Verhaltensmodelle beziehen. Es müssen also Metakriterien, neue Bewertungsmaßstäbe entwickelt werden. Der kreative Suchprozess, der der späteren rationalen Form der Lösung vorausgeht, kann vielleicht treffend als „prärationales Stadium" (Einstein) oder „präkonfigurativ" (Ghiselin) charakterisiert werden. Auffallend ist dabei eine ungewollt auf ein Ziel hinführende „Richtungsbewusstheit", die mittels sukzessiver Abweichungskorrekturen jenem paradoxen, nämlich ungezielten, jedoch nicht zielblinden Erreichen des Ziels dient (Schottlaender, 1983).

Je mehr sich die schöpferische Person nun in dieser Phase mit der Sache identifiziert und sich zum Lösen des erkannten Widerspruchs entschließt, zugleich aber zeitweilig den Widerspruch „als unlösbar" erlebt, desto nachhaltiger erfährt sie diese Phase als Konflikt. Dieser Konflikt ist aber nicht lösbar durch etwa ein bloßes Hinzufügen von Informationen oder ein dem Widerspruch „Aus-dem-Wege-gehen", sondern nur durch eine Neuprofilierung bzw. Umstrukturierung der Denk-, Handlungs- und Operationsvoraussetzungen. So gesehen, lösen die erlebten Konflikte generell auch einen für die eigene Persönlichkeit wichtigen Lernprozess aus. Die für den Konflikt (wie für alle Konflikte) nachhaltigen Emotionen können allerdings von einer eher skeptisch eingestellten sozialen Umwelt, die die Emotionen losgelöst sehen vom kreativen Problemlöseprozess und fälschlicherweise als „dysfunktional" und „unangepasstes Verhalten" bewerten, tatsächlich zu Vorurteilen führen – zumal schöpferische Menschen häufiger und intensiver sogenannte Ziel- und Anforderungskonflikte auslösen und durchleben.

Eigennützig oder uneigennützig?

Schöpferische Menschen ziehen eher Irregularität vor, da sie ihnen ermöglicht, daraus eine neue Ordnung zu gestalten. Sobald das Problem deutlich umrissen ist, müssen diese Personen fähig sein, ausdauernd an der Problemlösung zu arbeiten, ein hohes Maß an Zielbeharrlichkeit aufbringen, auch wenn zeitliche Kompromisse und Umwege die Vollendung zunächst aufschieben. Sie müssen sich von den hochgesteckten Zielen „beherrschen" lassen und auch Misserfolge ertragen können. Diese Motivation ist zutiefst uneigennützig.

Kreative werden häufig als energisch, dominant bezeichnet und irrtümlicherweise als egozentrisch, da sie ihre Idee in den Mittelpunkt des „Uneignen der Umwelt" (Schottlaender) stellen. Tatsächlich sind schöpferische Menschen häufig initiativreicher, da sie in starkem Maße erfolgsorientiert, unabhängiger und weniger konform handeln. In ihrem Verhalten kommt eine starke „Nichtanpassung um der Anpassung" halber zum Ausdruck: hohe Identifikation mit dem zu lösenden Problem, höchste „Anpassung an das Wesen des zu lösenden Problems" bei gleichzeitig zunehmenden Widerspruch zur vorherrschenden Meinung und Gewohnheit des Umfeldes (Nichtanpassung).

Emotional instabil, unausgeglichen oder stabil?

Die emotionale Stabilität bei kreativen Menschen ist oft mit einem hohen Angstniveau verbunden. Dafür bieten sich mehrere Erklärungen an:

- Intensives Erleben eines ständigen Informationsdefizites, sehr hohe Erwartungen an die Qualität und Quantität von Informationen, Arbeitsmitteln und -bedingungen.

- Unsicherheit, mitunter Angst, eine Aufgabe mit weitreichendem Ziel nicht zu Ende führen zu können. Hinzu kommt: Ein Ziel birgt neue in sich; Jagd nach dem nie endlichen Ziel (Relativität der Zielgenauigkeit).

Diese Unsicherheiten potenzieren sich in Phasen, die Konflikte enthalten. Andererseits beschleunigt ein solches Erleben die rationale Durchdringung der widersprüchlichen Strukturen. Als „unangepasst" wird dieses Verhalten nur von rational-wertenden Beobachtern bezeichnet, die den Konflikt aus der Distanz wahrnehmen.

Unbeherrscht oder beherrscht?

Anlass für sehr unterschiedliche Schlussfolgerungen gibt auch immer wieder der scheinbare Widerspruch zwischen hohem Leistungsanspruch einerseits und ausgeprägter Selbstgenügsamkeit bis hin zu zeitweiliger „Selbstvergessenheit". Tatsächlich fällt in bestimmten Phasen der kreativen Problemlöseprozesse eine starke Konzentration auf die (sachliche) Problemlösung bei gleichzeitiger Ausblendung sozialer Ansprüche auf. Selbstvergessenheit in diesem Zusammenhang ist jedoch nicht mit der moralischen Kategorie „fehlende Selbstbeherrschung" zu verwechseln, sondern meint das Vergessen der eigenen Person um der Sache willen.

Diese Form der Selbstgenügsamkeit kann in schöpferischen Phasen eine sehr starke Ausprägung erfahren und von einer Umwelt, die diesen Prozess nicht nachvollziehen kann oder mag, als „provokativ", „ich-betontes" Verhalten umgedeutet oder zumindest als „anders" und als irritierend empfunden werden. Schöpferische Selbstvergessenheit ist also durchaus eine Art von Sachbesessenheit.

9.2   Fazit

Es wurde versucht, einseitige Beobachtungen und Verallgemeinerungen zum Kreativen Verhalten aus dem Wesen kreativer Problemlöseprozesse heraus in Frage zu stellen. So kehrt sich zum Beispiel die häufig unterstellte „Unangepasstheit" in eine außerordentliche Anpassung an den Gegenstand, an die Sache um. Zugleich wurde auch dargestellt, dass schöpferische Personen zwar in der Regel offener gegenüber dem sind, was sie – sachzentriert – sehen, nicht immer aber gegenüber den sozialen Einflüssen. Bei eingeschränkter sozial-kommunikativer Kompetenz, also auch bei unzureichendem Wissen und Beachten der sozialen Folgen neuer Erkenntnisse, Produktentwicklungen, Organisationsprinzipien, aber auch der Verhaltensmotive, Denk- und Handlungsgewohnheiten der sozialen Umwelt kann es zu zusätzlichen Konflikten kommen, deren ausbleibende Lösung die Weiterführung und Umsetzung der kreativen Ergebnisse und Lösungen massiv behindern. Durch Selbstüberschätzung, eingeschränkte Kooperationsbereitschaft, Intoleranz und dgl. wird der Eindruck des „Unangepasstseins" verstärkt (und erhält in diesem Zusammenhang sogar Berechtigung). Im Bewusstsein des sozialen Umfeldes wird dann häufig nicht mehr zwischen Person und Sache unterschieden.

10. Nachwort

Am Beginn unserer Überlegungen standen die in einer Vielzahl neuerer Studien renommierter Beratungsunternehmen offen gelegten internationalen und nationalen Trends im Bereich der Talententdeckung, -Rekrutierung und -Entwicklung und die (zumeist subjektiven) Hindernisse und Widersprüche in deutschen Unternehmen.

Das A und O eines erfolgreichen Kompetenz- und Talentmanagements ist die Führung, die den Mitarbeiterinnen und Mitarbeitern Werte und Ziele, Sinn und Zweck ihrer Aufgaben vermittelt, die ihnen also Orientierungen gibt, Gestaltungsräume öffnet und erweitert sowie Verantwortung überträgt. Es zählt bei der Führung von Mitarbeitern nur das, was vorgelebt und umgesetzt wird.

Die Anforderungen an das Management bewegen sich seit etlichen Jahren weg von der technokratischen Kontrolle und hin zur Mitarbeiterführung. Deckstein (2007) bezeichnet diese internationale Anforderungsverschiebung als ein Hin zur *„Kunst, Menschen zu einer gemeinschaftlichen Leistung zu befähigen, indem ihre Stärken genutzt und ihre Schwächen hintangestellt werden."* Zugleich hebt sie hervor: *„Aber immer noch richten unzählige Manager ihren antiquierten tayloristischen Blick auf die Mitarbeiter als austauschbare Verschiebemasse statt als die Erfolgs-Schlüsselfaktoren schlechthin – lassen sich lieber vom Tagesgeschäft auffressen, als ihre Führungsaufgaben anzupacken. Wie wäre es also erst einmal damit, den Halbleistern und Ganzverweigerern im Betrieb Arbeitsbedingungen zu schaffen, die sie beflügeln, statt nach zusätzlichen Fachkräften Ausschau zu halten?"*

Damit ist eine Grundsatzfrage der Kompetenz- und Talententwicklung angesprochen. Die von uns eingangs thematisierten Wettbewerbshemmnisse und Widersprüche im Management müssen in einer bedeutend offensiveren und lösungsorientierten Weise in der Praxis diskutiert werden, sämtliche Führungsseminare durchziehen, und in speziellen betriebsinternen Trainings müssen die *Führung*skräfte auf ihre Aufgaben im Rahmen der Talententwicklung, insbesondere auch auf den Umgang mit hochkreativen MitarbeiterInnen, vorbereitet werden. Das alles geschieht gegenwärtig noch viel zu zaghaft oder gar nicht.

Zugleich müssen die Führungskräfte dazu befähigt und gezwungen werden, ihr Personalmanagement und insbesondere Talentmanagement einsehbar und messbar zu gestalten und Performance-Erweiterungen nachzuweisen.

Zu diesen Fragen versucht das vorliegende Buch sowohl das notwendige Problembewusstsein zu erzeugen als auch eine Vielzahl praktischer Anregungen zu geben. Weiterführende Informationen zu den vorgestellten Kompetenzerfassungs- und -Entwicklungsverfahren KODE® und KODE®X erhalten die geneigten Leser auch über:

www.competenzia.de und www.act-regensburg.de

11. Literatur

Altmann, A.: Gesagt, getan! Business-Strategien und Pläne erfolgreich umsetzen. Redline Wirtschaft, Heidelberg 2006

Baschek, E.: Motivation zahlt sich aus. Handelszeitung, 140. Jg. 2001 (8)

Becker, M.: Geändertes Karriereverständnis: Personalentwicklung im Zeichen von Führungs-, Fach- und Projektkarrieren. Betriebswirtschaftliche Diskussionsbeiträge der MLU Halle-Wittenberg, Beitrag 96/06p. Halle 1996

BCG / EAPM-Analyse: The Future of HR in Europe. Key Challenges Through 2015. Web-Survey in 27 Ländern mit 1.355 Teilnehmern. Düsseldorf 2007

Buhr, S., Ortmann, S: KomBilanz – Software zur Kompetenzbilanzierung. In: Heyse, V.; Erpenbeck, J., Max, H. (Hrsg.): Kompetenzen erkennen, entwickeln, bilanzieren. Waxmann, Münster 2004

Buhr, S., Ortmann, S.: Softwaregestützte Arbeit mit KODE®X – ein Beispiel. In: Heyse, V., Erpenbeck J.: Kompetenzmanagement, Methoden, Vorgehen, KODE® und KODE®X im Praxistest. Waxmann, Münster, 2007

Deckstein, D.: Gute Vorsätze für schlechte Zeiten. Rubrik „Führungsspitzen", Süddeutsche Zeitung v. 30.12.2007

Duttagupta: Identifying and managing your assets: talent management. www.buildingipvalue.com/05_SF/374_378.htm

Eggelhöfer, S.: Wachstumsbremse Fachkräftemangel, Personalwirtschaft 09/2007

Erpenbeck, J.; Sauter, W.: Kompetenzentwicklung im Netz. New Blended Learning mit Web 2.0. Ld, Köln 2007-10-04

Erpenbeck, J.: KODE® – Kompetenz-Diagnostik und -Entwicklung. In: Erpenbeck, J.; Rosenstiehl, L. v.: Handbuch Kompetenzmessung. Schäffer-Poeschel, Stuttgart 2007 (2. überarb. und erweit. Auflage)

Erpenbeck, J.; Heyse, V.: Die Kompetenzbiographie. Wege der Kompetenzentwicklung. Waxmann, Münster 2007 (2. aktual. und überarb. Auflage)

Erpenbeck, J.; Heyse, V.: Kompetenzmodelle und Personalentwicklung. In: Schwuchow, Kh.; Gutmann, J.: 2008 Jahrbuch Personalentwicklung. Luchterhand, Köln 2008

Frank, G. P.: Talent-Management als Kernaufgabe der Strategischen Personalentwicklung. In: Schwuchow, Kh.; Gutmann, J.: 2008 Jahrbuch Personalentwicklung. Luchterhand, Köln 2008

Grote, S.; Kauffeld, S.; Frieling, E.: Kompetenzmanagement. Schäffer-Poeschel, Stuttgart 2006

Hewitt Associates: Sind Human Resources bereit für eine strategische Rolle? Pressemitteilung 2006

Hewitt Associates: HR-Landscapes – Defining the Future Path of Talent Management 2006, Wiesbaden 2007

Heyse, V.; Erpenbeck, J.: Kompetenztraining. Schäffer-Poeschel, Stuttgart 2004

Heyse, V.; Saalbach, R.; Seifert, P.: Anforderungen an Firmenkundenbetreuer. Konsequenzen für die Kompetenzentwicklung. In: Heyse, V. (Hrsg.): Kundenbetreuung im Banken- und Finanzwesen. Praxisbeiträge zur Kompetenzentwicklung. Waxmann, Münster 1997

Heyse, V.; Schöpferische Fähigkeit. In: Heyse, V.; Erpenbeck, J..: Kompetenztraining. 64 Informations- und Trainingsprogramme. Schäffer-Poeschel, Stuttgart 2004

Heyse, V.; Erpenbeck, J. (Hrsg.): KompetenzManagement. Methoden, Vorgehen. Waxmann, Münster 2007

Heyse, V. (2007.1); Strategien, Kompetenzanforderungen, Potenzialanalysen. In: Heyse, V.; Erpenbeck, J.: KompetenzManagement. Methoden, Vorgehen. Waxmann, Münster 2007

Heyse, V.: Kompetenzmanagement. Methoden, Vorgehen, Praxiserfahrungen. In: Neumann, R.; Graf, G. (Hrsg.): Management-Konzepte im Praxistest. State of the Art – Anwendungen – Erfolgsfaktoren. Fachbuch Wirtschaft. Linde international. Wien 2007

Heyse, V.: KODE®X Kompetenz-Explorer. In: Erpenbeck, J.; Rosenstiehl, L. v.: Handbuch Kompetenzmessung. Schäffer-Poeschel, Stuttgart 2007 (2. Auflage)

Internet:

www.armintrost.de/vortraege/TalentManagement_TROST_SAP_2007-09-20.pdf -
www.sumtotalsystems.com/de/solutions/goals/talent_management.html
www.internationalstudentsclub.org/de/f_r_unternehmen_1/global_recruiting/13...
www.inar.de/blog/wirtschaft/20050920/_attraktivste_arbeitgeber_europas_-_vie...
www.perspektive-mittelstand.de/Studie_Wertsch_tzung_wichtig_f_r_Mitarbeite...
www.pressemeldungen.at/wirtschaftsverbaende/studielongtermincentivetrendsin...
www.bildungsspiegel.de/news-zum-thema/studie-unternehmen-investieren-zu-...
www.system-world.de/link/de/17163829
www.pressemeldungen.at/wirtschaftsverbaende/personalarbeitgroeveraenderung...
www.systems-world.de/link/de/17163937
www.managerseminare.de/ctr/frontend/training_aktuell_detail.html?urlID=90424
www.Wikipedia.de
www.competenzia.de

Jäger, W.: Schnittstellen über Schnittstellen. Personalwirtschaft 09/2007

Kemper, V.; Lukaszyk, A.: Talent-Management ganzheitlich gestalten. In: Schwuchow, Kh.; Gutmann, J.: 2008 Jahrbuch Personalentwicklung. Luchterhand, Köln 2008

Komm, A.; Putlitz, J. zu; Putzer, L.: HR führt Regie. Personalwirtschaft 09/2007

Lehmann, M.: Möglichkeiten und Grenzen der Ausgestaltung von Anreizsystemen für freie Mitarbeiter. Diskussionsbeiträge des Fachbereichs Betriebswirtschaft der Universität Duisburg-Essen Nr. 316, Duisburg 2006

Maess, K.; Maess, T.: Das Personal Jahrbuch 2000. Luchterhand, Neuwied 2000

Malessa, M.; John, Th.: Talente identifizieren, entwickeln und binden. In: Schwuchow, Kh.; Gutmann, J.: 2008 Jahrbuch Personalentwicklung. Luchterhand, Köln 2008

Malik, F.: Führen, Leisten, Leben. Deutsche Verlagsanstalt, Stuttgart/München 2001

Malik, F.: M.A.S.H.-Management. In: trend (Das österreichische Wirtschaftsmagazin) 9/2005

Moser, R.; Saxer, A.: Retention-Management für High Potentials. Bern 2002 (Lizentiatsarbeit / Universität Bern)

Nöllke, M.: Kreativitätstechniken. STS Verlag, Planegg 1998

Reinsch, F.: Die Köpfe sind das Kapital. Wissen bilanzieren und erfolgreich nutzen. Redline Wirtschaft, Heidelberg 2007-10-04

Rüttinger, R.: Talent Management. Verlag Recht und Wirtschaft, Frankfurt am Main 2006

Schmidt, E.W.: Key-People-Analysis: Ein Mittel zur strategischen Unternehmensführung. In: Kälin, K.; Müri, P.: Sich und andere führen. Ott, Thun 1990

Scholl, W.: Einflussnahmen und Einsicht gewinnen – gegen die Verführung der Macht. Institut für Psychologie / Studie. Humboldt-Universität Berlin 2007

Scholz, Chr.: Personalmanagement. München 2000

Schottlaender, R.: Wissenschaftliche und künstlerische Kreativität. In: wissenschaft und fortschritt 33 (1983) 4

Seng, T.: Anreizsystem und Unternehmenserfolg in Wachstumsunternehmen. Frankfurt a. M. 2003

Stiefel, R. Th.: Strategische PE aus der MAO-Perspektive. St. Gallen 2007 (MAO-Press)

Stiefel, R. Th.: Wo steht Ihr Unternehmen im Talent Management? Mao 29. Jg, Heft 3/07, St.Gallen

Stockley, D.: Talent management concept – definition and explanation. www.derekstockley.com.au/newsletter-05/020_talent-management.html

Studien zu HR / Personalmanagement 2006-2007 von:
- Zentrum für Europäische Wirtschaftsforschung (ZEW)
- Europäische Jobbörse StepStone
- Kienbaum (2006, 2007)
- Hewitt (2006, 2007)
- Personnel Decisions International (PDI)
- Accenture (2007)
- PricewaterhouseCoopers (PwC)
- McKinsey & Company (2007)
- Institut für Arbeitsmarkt- und Berufsforschung (IAB), 2007
- DIHK (2007)
- Hernstein Institut (Management Report 2007)
- KPMG / Economist (2007)
- Towers Perrin HR Services (2007)
- Hewitt Associates (2007)
- Hewitt / Kienbaum (Top Companies for Leaders, 2006)
- IAO Frauenhofer Gesellschaft / Managementberatung Mühlenhoff+Partner

Thomas, M.: Internes Headhunting. Rosenberger Verlag, Leonberg 2003

Trost, A.: Personal – der unterschätzte Faktor. Harvard Business Manager 1/2008

Trout, J.: Trout über Strategie. LINDE international, Wien 2004

Winsen, Ch. van: High Potentials. Wie komme ich in die Führungsauswahl? Mentoring und Coaching. Regensburg/Düsseldorf 1999

Witte, W.: Talent Management: Modewort oder aktuelle Herausforderung? Perbit, Altenberge 2007 (Internetbeitrag)

Wunderer, R.; Jaritz, A.: Unternehmerisches Personalcontrolling. Luchterhand, Neuwied/ Kriftel 1999

12. Abbildungsverzeichnis

Waxmann

Volker Heyse,
John Erpenbeck (Hrsg.)

Kompetenzmanagement

Methoden, Vorgehen, KODE® und KODE®X im Praxistest

2007, 336 S., br., 34,90 €, ISBN 978-3-8309-1825-7

In der heutigen stark wettbewerbsorientierten Arbeitspraxis besteht vielfach der Wunsch nach einem sicheren und einfach zu handhabenden Verfahren zum Erkennen und Entwickeln von Kompetenzen. Die Verfahrenssysteme KODE® und KODE®X bieten hier ein einheitliches Modell zur Messung und Entwicklung von Kompetenzen, das seit 1999 von einer Vielzahl von Berater/-inne/n und Trainer/-inne/n erfolgreich angewendet und weiterentwickelt wird. Nach „Kompetenzen erkennen, bilanzieren und entwickeln" beschäftigt sich mit diesem Buch nun ein zweiter Praxisband der Autoren mit den Erfahrungen und Weiterentwicklungen innerhalb dieser Systeme. Das gemeinsame Anliegen der Autoren sind handhabbare und wirkungsvolle OE/PE-Instrumente und -Ergebnisse sowie ein Brechen mit erstarrten Human-Resource-Management-Praktiken. Das Buch wendet sich somit vor allem an Führungskräfte, PE'ler, BeraterInnen und TrainerInnen, die von der Notwendigkeit eines Paradigmenwechsels im Human Resource Management hin zu einem dynamischen Kompetenzmanagement überzeugt sind.

Es werden vielfältige Anwendungsbeispiele und neue methodische Vorstöße insbesondere im Rahmen des interkulturellen Kompetenzmanagements sowie des Wertemanagements vorgestellt.

Mit Beiträgen von Ingeborg Böhm, Bernward Brenninkmeyer, Steffen Buhr, John Erpenbeck, Volker Heyse, Norbert Kailer, Franz Kaltenbrunner, Kai Kochmann, Margret Korn, Oliver Kritzler, Stefan Ortmann, Henryk Schoder.

MÜNSTER · NEW YORK · MÜNCHEN · BERLIN

Waxmann

MÜNSTER · NEW YORK · MÜNCHEN · BERLIN

Volker Heyse,
John Erpenbeck

Die Kompetenzbiographie

Wege der Kompetenzentwicklung

Mit Beiträgen von Timo Meynhardt und Johannes Weinberg

2007, 496 S., geb., 2. aktualisierte Auflage, 39,80 €, ISBN 978-3-8309-1808-0

Bereits Ende der 1990er Jahre stellten John Erpenbeck und Volker Heyse mit der „Kompetenzbiographie" eine neue Erfassungs- und Darstellungsmethode vor, die diejenigen biographischen Ereignisse hervorhebt, die für die berufliche Kompetenzentwicklung retrospektiv wichtig, gegenwärtig nutzbar oder prospektiv zu fördern sind. Die Arbeit war so erfolgreich und gefragt, dass sie nun in zweiter, aktualisierter Ausgabe erscheint.

Bei der Kompetenzbiographie geht es darum, den Erwerb und die Entwicklung von Kompetenzen tiefgehend zu verstehen. Dieses Verständnis gilt es in praktische Vorschläge für die berufliche Bildung und Personalentwicklung umzusetzen. Lernen wird dabei nicht nur als bloße Informationsaufnahme, sondern als Erwerb und Erweiterung von Wissen im weitesten Sinne verstanden. Dazu gehören ebenfalls das Erlernen von Werten, die Erweiterung und Nutzung implizierter Erfahrungen und der Aspekt des selbstorganisierten Lernens.

In ihrer Untersuchung richten die Autoren ihren Fokus auf innovative und erfolgreiche Führungskräfte und untersuchen, wie sich die entsprechenden individuellen Kompetenzen lebensgeschichtlich und arbeitsbiographisch entwickelt haben. Dabei werden sowohl fachlich-methodische als auch personale, aktivitätsbezogene und soziale Kompetenzen berücksichtigt.

Diese Ausgabe geht dabei auf die neuesten Entwicklungen in der Kompetenzforschung ein und ergänzt das Standardwerk um entscheidende weiterführende Überlegungen und Resultate. Das Buch ist eine Fundgrube für alle, die Lebensweisheiten sammeln. Die untersuchten Führungskräfte werden umfassend zitiert.

Waxmann

MÜNSTER · NEW YORK · MÜNCHEN · BERLIN

Volker Heyse,
John Erpenbeck,
Horst Max (Hrsg.)

Kompetenzen erkennen, bilanzieren und entwickeln

2004, 154 S., br., 24,90 €, ISBN 978-3-8309-1430-3

In der heutigen wirtschaftlichen, politischen und globalen Komplexität und Dynamik sind die Fähigkeiten von Menschen, sich in unüberschaubaren und schwierigen Situationen selbstständig und flexibel zurechtzufinden, wichtiger denn je. Um diese Fähigkeiten entwickeln und fördern zu können, entwarf das ACT Audit Coaching Training in Düsseldorf vor fünf Jahren KODE®, ein Verfahren zur Kompetenzdiagnostik und -entwicklung. Der vorliegende Band will nach fünf Jahren der praktischen Anwendung der Verfahren KODE® und KODE®X eine Bilanz ziehen und Erfahrungsberichte aus den unterschiedlichsten Einsatzfeldern vorstellen. Zu diesen zählen Weiterbildung, Training von Führungskräften und Personalentwicklung vor dem Hintergrund strategischer Unternehmensziele oder Investorenpräferenzen.

Doch auch an den Hochschulen konnte sich der Einsatz von Kompetenzdiagnostik und -entwicklung in der Lehre ebenso wie bei der Studierendenauswahl bewähren. Zudem wird der Nutzen von KODE® in erweiterten Einsatzfeldern wie der Betreuung von Arbeitssuchenden vorgestellt. Über diesen praxisbezogenen Teil hinaus schließt das Buch mit einer vergleichenden methodenkritischen Positionsbestimmung der ACT-Verfahren.

Waxmann

MÜNSTER · NEW YORK · MÜNCHEN · BERLIN

Volker Heyse,
John Erpenbeck,
Lutz Michel

Kompetenzprofiling

**Weiterbildungsbedarf und Lernformen
in Zukunftsbranche**

Unter Mitwirkung von Timo Meynhardt und Richard Merk

2002, 280 S., br., 29,80 €, ISBN 978-3-8309-1189-0

Flexibel, vielseitig einsetzbar und unternehmungsbereit zu sein ist das Profil des neuen Arbeitnehmers in der weltweit vernetzten Wissensgesellschaft. Lern- und Kompetenzanforderungen, die heute in den Unternehmen der Zukunftsbranchen entstehen, gelten jedoch schon morgen für alle Arbeitnehmer. Lernen für die Arbeit – Lernen in der Arbeit – Lernen durch die Arbeit, so lauteten die Maximen der 1970er, 1980er und 1990er Jahre. Lernen als Arbeit heißt die heutige Devise.

Um dieses Lernprinzip in der Arbeitswelt Realität werden zu lassen, werden neue Kompetenzprofile benötigt. Wie kann man sie herausfinden, charakterisieren, messen, kurz, wie sieht ein modernes Kompetenzprofiling aus? Die richtige Antwort auf diese Frage ist für Unternehmen, Weiterbildungseinrichtungen und Arbeitnehmer gleichermaßen existenziell.

In dieser, für Firmen der IT-, Multimedia- und Biotechnologie-Branche repräsentativen Studie werden Maßstäbe für ein derartiges Kompetenzprofiling gesetzt, das in Deutschland weitgehend unbekannt ist. Die Autoren ermitteln branchenspezifische Kompetenzspektren. Sie analysieren Kompetenzvoraussetzungen und -erwerbe in branchentypischen Tätigkeitsgruppen, die in der Regel nicht in traditionelle Berufsbilder zu pressen sind. Sie erkunden die spezifischen Lernformen in den jeweiligen Branchen und Tätigkeitsgruppen und liefern einen aussagekräftigen Lernformenkatalog.